江苏省自然科学基金(No. BK20180437)
中央高校基本科研业务费资助(No. NS2018053)

空间弱撞击对接机构

陈传志　陈金宝　聂　宏　著

哈尔滨工程大学出版社
Harbin Engineering University Press

内 容 简 介

本书在对空间对接技术多年理论和工程经验积累的基础上,密切结合航天事业发展对新型空间对接技术的需求,主要以弱撞击对接机构为对象,对国内外航天工程应用的对接机构分类、技术发展与应用进行全面概括;基于现有对接机构的特点,以及弱撞击对接"大容差""低冲击""硬联接"的设计准则,提出了一种新一代弱撞击对接机构;以新型对接机构为基础,研究其运动学、运动空间、捕获动力学等机械特性;针对新型对接机构的柔顺对接特性,提出了基于速度的阻抗控制及自适应阻抗控制策略。

本书适合飞行器设计、空间对接机构设计、机械设计等相关领域从业人员使用。

图书在版编目(CIP)数据

空间弱撞击对接机构/陈传志,陈金宝,聂宏著. ——
哈尔滨 : 哈尔滨工程大学出版社,2019.8
ISBN 978 – 7 – 5661 – 2127 – 1

Ⅰ.①空… Ⅱ.①陈… ②陈… ③聂… Ⅲ.①空
间对接机构 Ⅳ.①V526

中国版本图书馆 CIP 数据核字(2018)第 265914 号

选题策划　石　岭
责任编辑　张　昕
封面设计　博鑫设计

出版发行　哈尔滨工程大学出版社
社　　址　哈尔滨市南岗区南通大街 145 号
邮政编码　150001
发行电话　0451 – 82519328
传　　真　0451 – 82519699
经　　销　新华书店
印　　刷　哈尔滨市石桥印务有限公司
开　　本　787 mm × 960 mm　1/16
印　　张　8.75
字　　数　181 千字
版　　次　2019 年 8 月第 1 版
印　　次　2019 年 8 月第 1 次印刷
定　　价　39.80 元
http://www.hrbeupress.com
E-mail:heupress@ hrbeu.edu.cn

前　　言

　　空间对接是空间站组装、空间补给、维护以及深空探测等载人航天活动的核心技术,直接决定空间任务的成功与否。目前,载人航天技术已经成为世界航天领域的发展热点,空间对接技术作为载人航天技术的关键技术之一,也得到了快速发展。虽然我国已经掌握了完整的空间对接技术,但与国外先进对接技术相比仍存在一定的差距。随着空间技术的发展,空间任务日渐多样化,新型对接机构的研究必将成为影响空间技术发展的重要因素之一。

　　本书是一本反映近年来空间对接技术发展趋势的专业图书。作者在编写过程中总结了几十年来的空间对接机构的发展情况,阐述了空间对接机构的建模、求解、算法模型和仿真计算等问题,并结合作者的工作经验系统地总结了该领域的理论研究成果,同时面向实际工程应用,尽可能地给出了各类实际工程问题的求解策略。

　　全书共分5章:第1章概述了空间对接技术、柔顺控制技术和空间对接仿真技术的发展情况;第2章介绍了弱撞击对接机构设计方法及其结构特性;第3章介绍了弱撞击对接机构的捕获动力学;第4章介绍了弱撞击对接机构基于速度的阻抗柔顺控制系统;第5章介绍了弱撞击对接机构自适应阻抗控制。

　　由于作者水平有限,书中难免有不足之处,敬请读者批评指正。

著　者

2018 年 8 月于南京

缩略语和符号说明表

LIDM	弱撞击对接机构	$\boldsymbol{R}$	旋转矩阵
LIDS	弱撞击对接系统	α	绕 x 轴旋转角度
RVD	交会对接	β	绕 y 轴旋转角度
IDD	接口文件	γ	绕 z 轴旋转角度
NDS	NASA 对接系统	Ψ	偏航角
APAS	异体同构周边式对接机构	φ	俯仰角
ATV	欧空局自动货运飞船	Ω	滚转角
HTV	日本货运飞船	F_e'	碰撞力在动坐标系中的表示
CBM	通用停靠机构	f_s	力传感器测量值
IDSS	对接机构国际标准	l_i	驱动臂长度
IDD	接口文件	R_n	结构框内径
PMA	加压对接适配器	A	工作空间截面面积
CDA	通用适配器	w_f	力椭球圆度
IBDM	国际停靠对接机构	w_m	力矩椭球圆度
MTFF	欧空局自由飞行器	M_d	目标惯性
LSR	负载传感环	B_d	目标阻尼
FB	基座	K_d	目标刚度
MRAC	模型参考自适应	l_{max}	驱动臂最大长度
FBIC	基于力的阻抗控制	l_{min}	驱动臂最小长度
PBIC	基于位置的阻抗控制	K_p	比例控制系数
VBIC	基于速度的阻抗控制	T_i	积分控制时间常数
X_d	期望位移	T_d	微分控制时间常数
V_d	期望速度	k_e	环境刚度
E	力误差	x_e	被动对接环的实际位移
$g(t)$	辅助函数项	V_e	相对速度
$p(t)$	时变的自适应比例反馈系数	$d(t)$	时变的自适应微分力反馈系数

目　　录

第1章 概 述

目前,载人航天技术已经成为世界航天科学技术领域中的发展热点,不少国家将建设永久性的空间站与发展载人航天技术作为空间发展的目标。许多国家都提出了相应的发展计划和策略,其目的是要充分利用广阔的空间资源,扩大地球资源的应用,加速空间产品的开发,促进空间工业化、商业化和军事化的发展进程,并带动各个领域科学技术的发展。

从航天应用与航天技术的发展趋势来看,人类将在空间技术领域取得飞速的发展,并获得重大突破。空间科学与技术的发展会进一步丰富人类的认知,增强开发和利用空间资源的能力。根据这种发展趋势,人员与物资在太空与地面之间的往返运输将趋于日常化,空间飞船之间的能量与物质转移将会更加频繁,太空中不同任务空间平台的建造与维护任务也将越来越繁重,这些空间任务的完成都是以空间交会对接技术为依托的。空间对接技术的应用前景广阔,必将成为国家空间技术发展的重要组成部分之一。空间交会对接技术作为未来空间领域一项基本的日常性任务,受到越来越多的国家的重视,并投入大量的人力与物力去发展。从空间应用角度来讲,交会对接技术作为一种使能技术,其发展需求越来越紧迫,更应当走在技术发展的前沿。

迄今为止,世界上已经开展过不下三百次空间交会对接活动,其中绝大多数由美国和苏联(俄罗斯)完成。交会对接的发展经历了三个主要的阶段:一是以太空竞赛为推动的诞生时期;二是以空间站和航天飞机应用为主的成熟应用期;三是以自主交会为特征的最新拓展期。

航天器在轨交会对接可追溯到20世纪60年代初期。世界上首次空间交会对接发生于1966年3月16日,当时乘坐"双子座"飞行器的美国航天员尼尔·阿姆斯特朗和戴夫·斯科特,通过手动完成了与无人操控的目标飞行器"阿金纳"的对接。之后的几十年,当时世界上只有两个国家能够执行空间飞行器的交会和捕获操作任务,即美国与苏联。两者之中,也仅有苏联能够完成完整意义上的自动交会与对接使命。自20世纪80年代以来,载人航天技术已经到了实际应用阶段,永久性空间站得到蓬勃发展,空间任务都促进了空间对接向着自动、自主、通用性强等高技术水平方向发展。继美国与苏联之后,欧洲航天局(ESA,简称欧空局)和日本为了完成与国际空间站的交会对接任务,开始着手研发各自的航天器。欧洲研发的航天器被欧空局称为自动货运飞船(ATV);日本将其研发的航天器称为 H-II 货运飞船(HTV)。欧洲 ATV 已于 2008 年首次与国际空间站上的俄罗斯舱实现了自动交会和对接;日本的 HTV 也于 2009 年经过一段自动逼近过程后,被国际空间站上的机械臂捕获,执行了停靠作业。

我国自 20 世纪 90 年代开始大力开展空间交会对接技术的研究。2011 年"天宫一号"与"神舟八号"飞船完成自主交会对接,2012 年与"神舟九号"飞船通过手动控制完成交会对接飞行任务。自此我国已成功突破并掌握了完整的空间交会对接技术。这标志着中国已成为第三个拥有并能够独立掌握完整空间对接技术的国家。

目前为止,国际空间交会对接任务中使用最广泛的仍旧是美国与苏联设计的几款对接机构,尤其是苏联研制的杆-锥式与周边异体同构式等对接机构。这些对接机构都是早期的研究成果,属于机械"碰撞式"对接机构,能够在较大范围的初始偏差下完成对接。这些机构一般是通过一定的导向机构,实现两飞行器初始条件范围内的相互接近,利用一定的碰撞能量实现两飞行器的捕获,并通过缓冲系统进行飞行器位置和姿态偏差的校正和碰撞能量的缓冲吸收。其校正和缓冲能力相对较强,但结构复杂,质量较大。正是因为这些特点,传统的碰撞式对接机构难以适应未来多样化的空间任务需求。如飞行器与空间站的连接是通过对接或者停靠完成的,由于以往对接机构或停靠机构的特点使其不能同时兼有两种功能,如异体同构周边式对接机构(APAS)(仅适用于对接,不适用于停靠)用于停靠时,机械臂无法提供足够的撞击力来完成对接机构的校准与捕获;而通用停靠机构(CBM)(仅适用于停靠,不适用于对接)用于对接时,控制两个飞行器的位姿达到对接要求是非常困难的。所以空间站必须同时具有两套不同的操作设备和操作系统,这将占据空间站有限的空间,同时也大大增加了成本。另外采用传统对接机构对接过程中产生的碰撞力,可能对航天器或空间站中的敏感设备与精密仪器造成损坏,也会对某些精密的实验(如晶体生长实验)造成破坏式的影响等。中国设计使用的对接机构与苏联设计的 APAS 对接机构结构功能类似,同样也具有这样的特点。

正是因为空间技术的迅猛发展,对空间对接技术有了更新、更高的要求,现有的对接机构将无法胜任所有空间任务的需求,所以研究新型的对接机构对加速空间技术的发展有着重要的意义。美国 NASA、欧空局和中国的上海航天技术研究院(航天八院)都对新型对接机构进行了相应的研究,并取得了一定的成果。

为了适应未来空间探索的高可靠、故障容错、任务柔性和维持能力等任务需求,美国国家航空航天局(NASA)对低冲击对接系统(low impact docking system,LIDS)进行了开发和研制。LIDS 是美国为星座计划研发的,经历了十多年的发展,并通过 X-38 项目模型机验证了柔顺捕获系统、电子控制系统和柔性捕获设计闭环的可行性。LIDS 使用结构完全相同的两个周边式对接机构,在现有空间对接技术的基础上,采用机电一体化设计理念,通过柔性控制完成对接,对接机构采用电磁捕获方式,通过齿轮、连杆联动驱动对接锁完成结构连接,适用于停靠和对接两种对接方式。该机构借鉴了已有对接机构研制的经验和教训,具有以下特点:采用通用接口,并按照标准执行;异体同构界面具有模块化装配特点,能够和完全相同的副本或不同于自身的机构进行对接;利用现代技术,实现软件驱动特性,通过一定的操作在较宽的范围内具有调节能力,具有较好的任务柔性。

随着空间技术的发展,空间任务日渐多样化,新型对接机构的研究也将成为推动空间技术发展的重要因素之一。目前,国外的研究机构和专家学者都在就新型的对接机构进行规划、研究与验证,已经领先我国多年。我国对新型对接机构的研究尚处于起步阶段,缺乏相关的弱撞击对接系统结构、控制系统及性能等方面的研究经验。因此开展新型对接机构的设计研究工作及其相关关键技术方面的攻关,对我国空间技术的发展具有重要意义。

1.1　国内外空间对接机构的研究现状

空间飞行器之间的刚性连接、共同飞行,空间站的在轨组装等都是以对接技术为基础的,随着空间任务的增多,对接技术的地位越来越重要。空间对接技术随着航天技术的飞速发展也取得了突破性的进展,新型对接机构层出不穷。下面对国内外已有的或正在研发的对接机构进行简要介绍[1]。

"联盟号"飞船的对接机构系统

"联盟号"飞船的对接机构采用杆－锥式结构,是苏联首次用于轨道飞行对接试验的结构组合[2]。1967 年"宇宙－186"和"宇宙－188"无人飞行器首次使用这个对接机构实现了自动对接[3]。后来该机构又用于"联盟－4"和"联盟－5"上,其具有以下几项功能:(1)能够在设计所要求的初始条件下,实现航天器的多次对接;(2)实现了飞船之间的通信联系;(3)实现了多次分离,利用对接机构的弹射和释放被动对接机构一侧圆柱槽的支撑,进行备份分离。该对接机构在缓冲系统中首次成功使用了机电阻尼器,使对接技术的发展迈出了关键的一步,但是该对接机构没有装备密封的过渡通道,宇航员要从一个航天器进入另一个航天器,只能从舱外通过[4]。目前该对接机构已经被淘汰。

"联盟号"－"礼炮号"对接机构系统

"联盟号"－"礼炮号"对接机构系统的对接传动机构仍然采用杆－锥式,并采用机电式阻尼缓冲系统。该机构的一个重要进步是实现了刚性密封连接,对接后形成密封通道,可供宇航员在不同航天器之间活动。研究人员在设计这种对接机构时,曾经解决了一个重要问题,即把两个对接机构对接框上的所有对接元件,除密封圈外都做成同样的形式,即所谓"异体同构",同时也得到了一个保证连接异体同构的普遍原则。另外由于控制系统工作、飞船掉头、航天员走动及身体训练时,对接处将承受很大的弯矩,为了增加对接处的承载能力,该对接机构系统设计了第二套结构锁,通过两套结构锁一起工作来解决负载较大的问题。20世纪60年代末期设计的这种对接机构系统,解决了有人或无人驾驶运输飞船空间对接的全部问题,因此这种形式的对接机构直到现在仍在使用[5-6]。

"双子星座"计划的对接机构系统

"双子星座"计划的对接机构是美国研制的第一套对接系统,用于"双子星座"飞船与"阿金纳"火箭的对接。该机构利用锥-销相容性原理。但是该系统采用液压缓冲方式,由于缓冲系统非常庞大,且安装在火箭上的主动对接机构受到承载能力与布局的限制,导致对接控制系统非常复杂[7]。

"阿波罗"登月计划的对接机构系统

NASA在比较分析了带柔性杆的对接机构与环-锥式对接机构两种方案之后,设计出了一种所有机构都布置在指令舱上的对接机构。一个带杆的机构安装在过渡通道内,在主动机构的框上安装对接刚性锁等,该系统的被动机构实质上是一个简单的对接框组成的过渡通道,在通道内部装有被动锥。该系统的最大优点是登月舱上的被动对接机构具有最小的外径尺寸和最小质量。但是在对接和分离的情况下,需要宇航员进行一系列手动控制来完成操作,这需要花费大量的时间进行紧张准备,消耗宇航员很大的体力。该机构首先用于登月计划和天空实验室,并成功实现了多次对接[8]。

异体同构周边式对接机构APAS-75与APAS-89

APAS-75和APAS-89均为异体同构周边式对接机构。APAS-75用于"联盟号"与"阿波罗"飞船的对接,其主、被动对接机构由美国和苏联分别研制而成,双方在制定了总的原理图、相互作用和连接部件的尺寸、承载、捕获锁与结构锁等严密的协议规定之后,分别单独制定机构的原理图并进行设计制造。美国采用液压式缓冲,苏联采用机电式缓冲。这种对接机构依照异体同构配合原则,对应的部件相对于同一轴对称放置。按照这一原则设计的对接机构可以保证一个飞船能与装有这种机构的任意飞船对接,而不管是主动还是被动。在这种情况下,每个飞船既可以充当主动飞船,也可以充当被动飞船,这一特点对空间救援作业非常重要[9-12]。

APAS-89是在APAS-75的基础上改进而来,其提高了连接强度、可靠性和工作能力,使其兼容性更好。该机构用于航天飞机与和平号空间站及国际空间站的对接、组装和维持运行,是国际空间站的标准配置[13]。

混合式对接机构

混合式对接机构是俄罗斯用于空间站舱段连接的一种对接机构。其属于结合

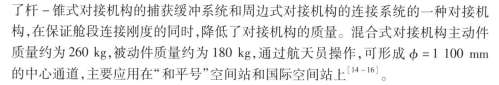

了杆-锥式对接机构的捕获缓冲系统和周边式对接机构的连接系统的一种对接机构,在保证舱段连接刚度的同时,降低了对接机构的质量。混合式对接机构主动件质量约为260 kg,被动件质量约为180 kg,通过航天员操作,可形成$\phi = 1\ 100$ mm的中心通道,主要应用在"和平号"空间站和国际空间站上[14-16]。

通用停靠机构(CBM)

通用停靠机构是为大型空间站舱段的连接而设计的。主要的设计要求是舱门直径要大,可以允许标准国际空间站双支架的转移。因此停靠环内径约为1.8 m。导向瓣连接于环的内侧,在加压舱和舱门打开之后可以移除。这个装置不需要减震功能,因为在操作过程中插入速度很小且对捕获时间没有限制。4个捕获锁安装在连接环内部,当机械手完成插入后锁合对应的锁销,并且完成两侧装置的收缩和对准功能,为结构连接做好准备。与导向瓣相似,捕获锁安装在内部,在长期连接建立起来之后被移除。16个螺钉、螺帽形式的结构锁安装在密封环内部,可以通过IVA移除/更换[17]。

"赫尔墨斯-哥伦布"对接系统装置

欧空局在20世纪80年代初开始研究和开发交会对接技术。该技术开始作为一种"使能技术",从20世纪80年代中期开始用于旨在与美国"自由号"空间站对接的"哥伦布号"有人照料的自由飞行器(MTFF),以及旨在访问MTFF的"赫尔墨斯号"欧洲航天飞机上。该机构属于周边式对接机构,逼近速度很低(0.01~0.03 m/s)。由于"赫尔墨斯-哥伦布"自由飞行项目废止,因而该装置从未飞行过,但已制造了一个样机并进行了动态测试。在这个设计中,捕获锁和收缩装置配合为一体,仅在对接装置的主动一方装有捕获锁和减震功能。当被动航天器进入接收范围时,捕获锁锁合,操作启动,航天器是否进入接收范围由光敏感器测得。第一次接触发生在导向瓣的侧面之间,导向瓣安装在每一个接触环的外侧或者内侧[18-20]。

抓手-撞锁对接机构

三点式和十字交叉两种抓手-撞锁式对接机构是由西欧研制的,这两种机构实际上属于同一性质的机构,只是布局和结构有些不同。前者是在周边布置3个抓手和撞锁,后者则在周边布置4个抓手和撞锁。这两种机构都没有密封性能,无通道口设计,适用于两个不载人飞行器之间对接。

三点式的对接机构是带探头的,该机构在对接面中央有可伸缩的拉杆,拉杆前端有探头,作用是缓冲对接时的碰撞和初始捕获。在周边布置的撞锁则起最后对准和连接作用。不带探头的十字交叉式对接机构不依靠可伸缩的拉杆和探头及其动作机构进行初始捕获,而是借助于飞行器高精度的姿态和轨道控制系统进行对准,由于依靠对接撞锁的导向装置进行捕获,因此捕获距离很小,为0~100 mm,而且需要高精度接近位置传感器[21]。

日本工程卫星七号对接机构

日本的宇宙开发事业集团（NASDA）从 1992 年开始进行工程试验卫星七号（ETS－Ⅶ）的研制。1997 年，日本发射了工程试验卫星七号，并成功实现了在轨弱撞击式对接，所用的对接机构采用 3 套独立的抱爪式对接机构，共同实现两飞行器的捕获、校正和对接功能。交会对接系统采用低速对接技术，接近速度约为 10 mm/s。该对接系统是一种高度自主的交会对接系统，既可以进行自主交会对接，也可以实现遥控交会对接[22-27]。

轨道快车对接机构

2007 年 3 月，轨道快车计划成功演示了燃料输送加注、轨道自主交会与对接、自主捕获与对接、ORU 在轨更换等关键技术。轨道快车采用可以收放的三指式对接机构。三指式对接机构由主动对接机构和被动对接机构两部分组成。主动对接机构采用三指式构型，通过机械组件运动，实现捕获、校正、缓冲和拉紧等功能。被动端采用三瓣式布局，配合主动机构完成对接任务[28-34]。

中国的对接机构

2012 年 6 月 16 日，"神舟九号"载人飞船进入太空，相继与"天宫一号"完成了一次自动、一次手动交会对接，标志着我国全面突破和掌握了空间交会对接技术[35-36]。"神舟九号"飞船和"天宫一号"目标飞行器上使用的对接机构采用导向瓣内翻的周边式构型，分别安装在"神舟飞船"的轨道舱前端（称为主动对接机构）和"天宫一号"目标飞行器的实验舱前端（称为被动对接机构），对接时成对使用。对接机构由 5 个子系统组成，分别是捕获子系统、传动缓冲子系统、连接密封分离子系统、控制子系统和控温子系统[37]。

捕获子系统实现两飞行器间的导向、捕获和初始柔性连接，包括捕获锁、对接环和卡板器。传动缓冲子系统实现主动对接机构对接环的推出，相对碰撞能量的缓冲，两飞行器间位置姿态的校正和相互拉近，包括丝杠联系组合、主驱动组合、丝杠安装组合和差动组合。连接密封分离子系统实现飞行期间的刚性连接、密封、电路连通和分离，包括对接锁系、对接框、分离推杆、浮动断接器和对接面密封圈等。其中电、气、液路浮动断接器可根据飞行任务需求确定是否安装。这 3 个子系统形成对接机构的机械部分。控制子系统和控温子系统安装在飞行器的舱内，通过舱间电缆与机械部分连接。控制子系统实现对接和分离的控制流程、对接和分离参数采集、指令传输、驱动控制等功能。控温子系统实现对机械部分的温度控制和温度测量功能[38]。

NASA 和 ESA 的低冲击对接机构系统（LIDS）

低冲击对接机构系统（LIDS）的原型设计由 NASA 和洛克希德·马丁公司的一

个工程师小组在约翰逊空间中心完成[39],任务是研究 X-38 和载人返回式航天器与国际空间站的对接和停靠,后来成为美国星座计划的一部分[40-41]。该机构采用了完全异体同构的周边式构型方式,继承了已有空间对接机构的使用经验,运用机电一体化先进技术,通过柔性控制能够完成对接与停靠两种操作。3 个捕获锁采用电磁式,通过齿轮和连杆联动驱动 12 个对接锁完成结构连接[42]。

为了加强国际空间合作和乘员营救能力,基于 LIDS 技术,NASA 开发了名为 NASA 对接系统(NDS)的弱撞击式对接系统,同时 NASA 牵头通过了一项与国际合作伙伴共同合作制定的对接机构国际标准(IDSS)接口文件(IDD)[43]。NDS 是兼容 IDSS 的对接系统。NASA 已经选择在国际空间站上将现有的加压对接适配器(PMA)替换为与 IDSS 兼容的通用适配器(CDA),用于验证新的 IDSS 标准[44-45]。NDS 被作为黑盒进行开发,可集成到各种不同的主飞行器上。NDS 计划首先应用在"猎户座"载人飞船和国际空间站上[46-47]。

在 2001 年与 NASA 的 X-38/CRV 合作项目中,欧空局也开始了弱撞击式对接系统的研究,欧空局的弱撞击式对接系统工作原理和组成与 LIDS 基本一致,被欧空局称之为国际停靠对接机构(IBDM)。

异体同构、刚度阻尼闭环反馈控制的弱撞击式对接系统

异体同构、刚度阻尼闭环反馈控制的弱撞击式对接系统,是由上海宇航系统工程研究所在 2012 年公开的一项专利中阐述的。两航天器的对接机构在规定的初始条件下接触并产生相互作用,主动飞行器的对接机构对接环产生位置和姿态调整,适应两对接机构的相对偏差;主动对接机构通过测量与对接环相连的 6 根直线驱动机构的位移,计算出对接环运动速度和位姿。根据预置的控制规律,确定主动对接机构对接环所需要的缓冲阻尼数据[48]。通过安装在 6 根直线驱动装置上的电机产生反作用力,直接驱动直线驱动装置进行对接过程的捕获和缓冲。该机构将对接过程中碰撞载荷控制在很小的范围内实现弱撞击对接,还可以通过改变控制规律实现与不同质量目标的对接与分离,并能够实现与现有载人航天器之间的对接。

1.2 柔顺力控制综述

1.2.1 柔顺力控制的发展现状

近 20 年来,机器人操作领域的研究发展迅速。柔顺力控制在工业中已成功应用于机器人操作的系统中,归纳起来可分为两大类:第一,自由空间下的非约束运动,这种系统一般应用在空间轨迹的跟踪运动中;第二,与外界环境相接触的约束运动,这种机器人的操作形式为装配、研磨、刮擦、钻孔等。

对于第一种操作形式,机器人的末端执行器在运动过程中不与外界物体相接触,故此机器人只需要位置控制就足够了。而对于第二种操作形式,仅有位置控制难以完成工作任务,还必须控制机器人与操作对象之间的作用力以顺应接触约束。在机器人的运动过程中,机器人能够对接触环境顺从的这种能力称为柔顺性。机器人的柔顺性在复杂的执行任务中起着越来越重要的作用,柔顺能力已经成为机器人智能化的特征。

机器人的柔顺控制包括被动柔顺(passive compliance)和主动柔顺(active compliance)[49-51]。其中机器人凭借一些辅助的柔顺机构,使其在与环境接触时能够对外部作用力产生自然顺从,称为被动柔顺;机器人利用力反馈信息采用一定的控制策略去主动控制作用力,称为主动柔顺。

1.2.1.1 被动柔顺控制

被动柔顺控制是利用一些可以使机器人在与环境作用时,能够吸收或储存能量的机械器件,如弹簧、阻尼等组成的机构,使机器人与外界环境相接触时对外部作用力产生一定的顺从能力,进而实现柔顺控制。日本、法国、德国和美国等国家在二十世纪七八十年代相继研究出了一些被动柔顺装置。最具有代表性的被动柔顺装置是美国 MIT Draper 实验室设计的一种称为远程中心柔顺(remote center compliance,RCC)的无源机械装置,其为一个由 6 根弹簧构成的能顺从空间 6 个自由度的柔顺手腕[52-53]。此外,Huang H 等人[54]采用被动柔顺工具装备了一种研磨和抛光机器人,在路径规划后能够自适应改变研磨接触力,代替了人工研磨涡轮机叶片。Tian - Soon S 等人[55]利用被动柔顺性末端执行器开发出了插孔装配线,针对具体的工作条件提出了控制方案。该控制方案能够从机器人自身结构进行适应调整。国内王坤东等人[56]开发了一种新型基于被动柔顺的平面关节焊缝扫查机器人。

然而,采用被动柔顺装置存在以下缺点:

(1)无法根除机器人高刚度和高柔顺之间的矛盾;

(2)被动柔顺装置的专用性强,适应能力差,使用范围受到限制;

(3)机器人加上被动柔顺装置,其本身并不具备控制能力,为机器人与环境作用时带来了极大的困难,尤其是在既需要控制作用力又需要严格控制位置的场合,该矛盾更为突出;

(4)无法使机器人本身产生对力的反应动作,成功率较低。

1.2.1.2 主动柔顺控制

为了克服被动柔顺装置存在的缺点,主动柔顺控制应运而生,并已成为如今机器人领域的主要研究方向之一。主动柔顺是机器人根据力反馈信息采取一定的控制策略对机器人和环境之间的作用力进行主动控制[57]。Whitney D E[58]对机器人主动柔顺控制的早期研究工作进行了系统的总结。柔顺控制的研究开始于 20 世

纪50年代的主从机械臂上的力遥感;20世纪70年代,随着机器人、传感器、计算机
和控制技术等技术的发展,主动柔顺成为工业机器人力控制领域中一个重要的研
究方向。实现机器人主动柔顺控制的方法主要有两类:力/位置混合控制(hybrid
force/position control)和阻抗控制(impedance control)[59]。其中力/位置混合控制
根据机器人位置子空间与力子空间的互补性、正交性,采用在位置子空间进行位置
控制,在力子空间进行力控制的方法[60]。这种算法的缺点是需要进行大量的任务
规划和控制模式的切换,稳定性差。而阻抗控制算法是根据机器人末端位置与作
用力之间的关系,通过控制位置实现对力的间接控制。这种算法的主要优点是任
务规划比较简单,对外界扰动有一定的鲁棒性,易于实现自由空间和约束空间之间
的稳定过渡。因此在柔顺控制领域,阻抗控制受到了人们的重视[61-63]。阻抗控制
应用最多的有两类:基于力的阻抗控制和基于位置的阻抗控制。相对于力控制,机
器人的位置控制理论更为成熟,性能更为稳定,所以基于位置的阻抗控制得到了更
为广泛的应用和深入研究。图1.1是基于位置的阻抗控制结构框图。

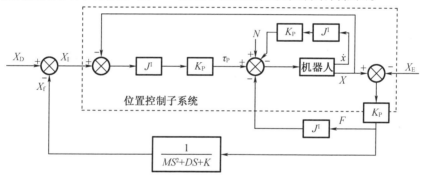

图1.1 基于位置的阻抗控制结构框图

1.2.2 阻抗控制的发展现状

阻抗控制被认为是一种自由运动控制和约束运动控制方法的统一,其具有以
下优点:不需要精确的离线任务规划,对自由运动和约束运动之间的转换具有很强
的适应性;对系统的不确定性和扰动具有较强的鲁棒性;易于实现自由空间和约束
空间之间的稳定过渡等。阻抗控制不是直接控制期望的位置和力,而是通过调节
系统末端的阻抗(包括刚度、阻尼和惯量)使力与位置满足期望的动力学关系,从
而实现机器人的主动柔顺。

1985年,Hogan N[64]率先系统地阐述阻抗控制的概念。他假设任何一种控制
器都无法使其受控物理系统对环境产生有别于单纯物理系统反馈的输出,在此假
设基础上提出阻抗控制的重要元素:期望惯量、期望阻尼、期望刚度。

1990年,Pelletier M 和 Daneshmend L K[65]应用模型参考自适应阻抗控制方法

弥补了柔顺控制中环境刚度的不确定性。但是系统的稳定性限制了该控制器的形式。

1991 年,Chan S P 等人[66]研究了一种在参数不确定和外干扰作用下的鲁棒阻抗控制,然而该控制方法需要精确的环境位置和刚度值来进行准确的力控制。

同年,Lu W S 和 Meng Q H[67]验证了自适应阻抗控制效果,并指出自适应控制技术的加入能够补偿操纵器动力学模型的误差。

1992 年,Dawson D M, Lewis F L 和 Dorsey J F[68]应用阻抗控制方法进行了力控制,利用基于 Lyapunov 辅助信号的一种 PD 位置控制器补偿了执行器动力学模型的接触力误差,实验结果显示了很好的力跟踪特性。

1994 年,Pelletier M 和 Doyon M[69]讨论了阻抗控制在电驱动机器人控制上的典型应用。

1995 年,Nakashima N 等人[70]成功地将阻抗控制运用于半自动双臂电驱动机器人中,实现了其在生产线上的维修工作。

2000 年,Ferretti G[71]为工业机器人设计了阻抗控制器,进一步提高了工业机器人的性能。

2001 年,Jung S[72]设计了通过神经网络产生位置补偿的阻抗控制器,进而达到减小机器人力超调和抖动的目的。

2003 年, Park J H 和 Kwon O[73]将阻抗控制方法运用于两足机器人的力平衡调节中。

在国内,阻抗控制方法在机器人的应用领域也得到了广泛的研究。

华中理工大学的黄心汉教授进行了基于阻抗控制的动态装配过程仿真研究,提出了一种采用神经网络学习装配过程动力学的渐进学习机制和通过梯度下降法调整阻抗参数的强化学习算法,数值仿真结果证明了该方法的有效性[74]。燕山大学的温淑焕博士利用模糊神经网络方法进行了机器人的阻抗力控制研究,仿真结果验证了控制方案的有效性[75]。哈尔滨工业大学的杨磊博士研究了阻抗控制方法在机器人灵巧手上的应用[76]。哈尔滨工业大学的唐肖云针对 HIT/DLR II 五指灵巧手的抓取特点,在基于位置的阻抗控制算法基础上,提出了一种具有手指重力补偿、摩擦补偿的阻抗控制算法,达到了较好的控制效果[77]。

1.2.3　自适应阻抗控制概述

阻抗控制的效果取决于对环境的认知程度,然而在实际操作中很难获得环境的精确信息,即使获得了,在操作过程中环境的参数也有可能发生变化,在这些情况下,传统的阻抗控制就不能满足力跟踪的要求。为此很多学者引入自适应理论来改进传统的阻抗控制算法[78-79]。

国外的 Seul 提出在原来的阻抗方程中添加一个合适的自适应增益以减小当跟

踪不确定环境时所产生的力误差[80]。Lasky T A[81]提出了一个两环的控制系统，内环是经典的阻抗控制器，外环是一个轨迹修正器。这个算法在环境变化时通过力反馈自动修改期望位置。Seraji H[82]提出了直接和间接两种自适应阻抗控制算法。其中直接法的基本原理是在线生成参考修正位移，该位移是力跟踪误差的函数，具有一定的自适应性，该方法属于模型参考自适应控制；间接法主要是根据Lyapunov稳定性理论在线估计环境参数，以实现对未知环境的自适应。

　　国内很多学者也对自适应阻抗控制展开研究。马小良[83]根据Lyapunov稳定定理设计了基于接触作用力误差状态方程的自适应阻抗控制器，通过构造Lyapunov函数，推出了参数的调整规律，间接地调节阻抗参数，提高了系统对环境的适应能力和抗干扰性能。芦俊等人[84]提出了一种消除装配卡阻力的自适应阻抗控制方法，该方法根据模型参考自适应控制（MRAC）的思想，用Lyapunov稳定性设计方法导出一种渐近稳定条件下的自适应策略，由力误差信息寻找到末端位置的调整规律，使得机器人的末端位置始终朝着减小卡阻力的方向运动。这种控制方法与其他控制方法相比具有计算量小、实时性高的特点。李二超等人[85]考虑未知环境下的三维曲线接触力的跟踪，提出一种基于神经网络视觉伺服的机器人模糊自适应阻抗控制策略。徐为民等人[86]提出了一种基于滑模位置控制的模糊自适应阻抗控制策略，该控制方案通过模糊控制器实时地调整阻抗参数，不但可使系统稳定，而且具有良好的动态品质，同时内环的滑模位置控制器可增强系统的鲁棒性。樊绍巍等人[87]根据HIT/DLR Hand II五指灵巧手各手指关节摩擦力不确定性的特点，提出一种具有自适应补偿摩擦力的阻抗控制策略。

1.3　对接机构仿真综述

1.3.1　数字仿真

　　对接过程的数字仿真以对接动力学理论为基础，研究两航天器在轨对接过程中的相互作用力和力矩并描述两航天器的相对运动。而对接动力学涵盖了多刚体动力学、碰撞力学等理论，是一门面向工程应用的新学科。数字仿真作为对空间对接过程的理想描述，是其仿真方式的基础和前提，因此一直受到宇航界的重视。

　　随着人们认识的加深及仿真手段的不断发展，空间对接的数字仿真也经历了由最简单情况到全面而精确描述的过程。早期的仿真只把对接机构考虑为某种约束，如Ravera R J[88]在文献中只是将对接机构简化为球铰，两航天器简化为刚体。整个对接系统简化为两个刚体通过球铰连接，球铰提供约束力，因此文中也只能对捕获后的缓冲阶段进行动力学分析。Ward J W等人[89]将碰撞理论引入对空间对接过程的描述，且将对接过程分为3个阶段：初始接触、连续机动和锁紧。

由于工程任务的需要,在全数字仿真建模中开始考虑对接机构的具体结构形式。Crubin C[90]研究了使用杆-锥式对接机构的对接动力学过程。将杆和追踪飞行器看成一个刚性整体,而将对接机构的对接锥简化成一个无质量的锥面,锥面与目标飞行器之间由弹簧和阻尼器连接。

Hatch H G[91]研究了利用杆-锥式对接机构进行对接的两刚性飞行器在二维情形下的对接过程数字仿真问题。与此同时,苏联的研究人员也对采用杆-锥式对接机构的两航天器的对接动力学仿真进行过深入的研究。该研究将整个对接过程分为从首次接触到捕获、从捕获到缓冲结束、拉紧阶段、保持对接状态和对接后分离5个阶段来进行研究,并重点研究了前两个阶段。

为了配合苏联和美国"联盟号-阿波罗"这一具有重大意义的对接活动,苏、美两国许多学者详细研究了针对异体同构周边式对接机构的数学仿真问题。其中以 CЫРОМЯТНИКОВ В С[92]的研究最有代表性,其针对机电差动式异体同构周边式对接机构的对接过程,详细地考察了对接过程中20种可能出现的接触情况,给出了确定接触点的几何模型,以及接触点的动态约束条件,并分别建立了两种情况下的对接动力学模型。这种建模方法后来被许多学者作为研究对接动力学的理论基础。一般来说,在对接全数字仿真中两飞行器均被简化为刚体。考虑到太阳帆板的影响,Bodley C S 和 Park A C[93]最早发表了关于挠性飞行器对接的文章。文中以"阿波罗"计划中使用的杆-锥式对接机构为例,将碰撞考虑为瞬态过程,研究了挠性飞行器对对接碰撞力的响应。20世纪90年代以来,一些学者研究了以国际空间站和"和平号"空间站为应用背景的对接动力学问题。

我国学者从20世纪80年代开始进行对接动力学的研究工作。洪嘉振最早利用古典的碰撞理论完成了空间对接中碰撞的仿真。陈占清利用有限元方法建立了对接过程的三体动力学模型。时军委等人[94]以"神舟飞船"的对接机构为研究对象,介绍了不同研制阶段仿真的任务规划,给出了研究中的对接机构仿真分析的捕获缓冲参数设计、数字样机、对接过程动力学仿真评估、试验验证与模型修正及对接动力学试验等。张华等人[95]建立了空间对接机构的分离动力学仿真数字模型,通过该动力学模型研究两飞行器在零重力空间环境下的分离过程和运行规律,辨识空间对接机构的主要设计参数对两飞行器分离过程中运动特性的影响,为参数设计提供创新性指导和理论支撑,解决在轨分离过程中飞行器角速度及姿态过大等设计难题。

1.3.2 物理仿真

空间对接研究中的全物理仿真通常在对接系统研制的最后阶段进行,其目的是实现对接过程,以及研究对接过程中的碰撞特性。物理仿真所面临的问题主要是如何模拟失重的环境。目前物理仿真试验台主要采用悬挂式和气浮式。苏联研制了由两个航天器模型组成的悬挂式的综合动力试验台,航天器通过铰链悬挂在绳索上,可以保证五个自由度的运动,另一个自由度通过随动装置来实现。

美国在早期的对接物理仿真中,也采用了绳索悬挂的方式,航天器模型通过位于质心的万向接头连接,并使用了随动驱动装置。在研制"阿波罗"飞船的对接装置时,制造了带气垫支承并可以在冰上滑动的模拟试验台。20世纪80年代后期,Howsman T G介绍了一种由2个可移动三轴气浮试验台组成的物理仿真系统。

1.3.3 半物理仿真

半物理仿真也称为混合仿真、硬件再回路仿真等,仿真过程中对接机构采用实物,航天器由计算机进行模拟[96-98]。虚拟航天器相对位置和姿态是由检测到的对接机构相互作用力经过对接动力学解算后得到的,该相对运动由另外的驱动系统来执行。半物理仿真系统按用途可以分为两种:一种是用于考核对接系统性能的对接综合试验系统;另一种是用于训练宇航员的训练仿真器。半物理仿真技术将全物理仿真的精确性和全数字仿真的柔性有机地结合起来,被国内外公认为是验证对接机构设计、测试对接机构性能和保证对接成功的有效手段。

苏联在20世纪80年代中期研制了用于测试对接机构的综合试验台,综合试验台由六自由度平台、对接机构、六维力传感器和计算机测控系统组成。当两个对接机构发生接触时,六维力传感器测得相互作用力,并将测量结果传给计算机系统,由计算机根据航天器的对接动力学解算出两航天器的相对运动,然后再由液压驱动的六自由度平台来模拟对接过程中的运动情况。

美国宇航局研制的综合试验台由2个运动平台组成,其中一个平台具有4个自由度,而另一个平台具有2个自由度。此方案后来被认为刚度不够,最后也采用了六自由度并联机构。

20世纪80年代后期欧空局研制对接仿真试验台,当进行对接碰撞试验时,由6个电动滚珠丝杠驱动六轴平台运动,从而实现两航天器对接机构之间6个自由度的相对运动。

针对ETS-7卫星的对接系统,日本也研制了一种对接试验仿真系统。1998年日本完成了太空的对接试验,试验结果表明,该仿真系统是对接机构设计的有力工具。该仿真系统的成功研制使日本在此研究领域达到了国际先进水平。

伴随着中国航天事业的不断发展,国内一些学者也对对接半物理仿真试验技术进行了一些理论研究。哈尔滨工业大学电液伺服仿真及试验系统研究所与上海航天局合作,已研制出空间对接半物理仿真的原型试验系统。该系统由六自由度平台、六维力传感器、对接动力学单元、对接机构模拟件等组成。徐峰等人[99]设计了对接机构综合试验台,以进行对接机构动力学仿真试验,该平台主要由测量(力传感器)、控制(包含数学模型)和执行(运动模拟器)3部分构成。曲艳丽等人[100]

以对接机构六自由度半物理仿真试验台为对象,讨论试验台设计过程中应考虑的关键问题,建立其数学模型,进行运动仿真,分析试验台运动性能的影响因素。延皓等人[101]建立对接机构地面测试原型试验系统,该系统通过六维力传感器检测对接机构模拟元件的相互作用力和力矩,根据所建立的航天器动力学模型实时解算对接过程中两航天器的相对运动,并由六自由度运动平台模拟被动航天器来实现相对运动。

第2章 弱撞击对接机构及其结构特性

2.1 概　　述

目前,国内外空间交会对接任务使用最广泛的仍旧是传统的机械式对接机构,如苏联研制的杆-锥式与周边异体同构式等对接机构,以及国内应用于"天宫一号"的对接机构。这些交会对接技术属于空间技术发展初期的研究成果,都属于碰撞式对接机构,适应的对接初始条件偏差范围大。这种机构一般是通过一定的导向机构,实现两飞行器初始条件范围内的相互接近,利用一定的碰撞能量实现两飞行器的捕获,并通过缓冲系统进行飞行器位置和姿态偏差的校正,以及能量的缓冲吸收,其校正、缓冲能力相对较强,但结构复杂、质量较大。正是因为这些特点,传统的机械碰撞式对接机构很难适应未来多样化的空间任务使命。例如飞行器与空间站的连接都是通过对接或者停靠完成的,以往对接机构或停靠机构的特点使其不能同时兼有两种功能,空间站必须同时具有两套不同的操作设备和操作系统,这将占据空间站有限的空间,大大增加了成本。此外,采用传统对接机构对接过程中产生的碰撞力可能对航天器或空间站中的敏感设备与精密仪器造成损坏,也会对某些精密的实验造成破坏性的影响等。

作为新一代的对接机构,弱撞击对接机构(LIDM)不同于由结构负载的弹簧、阻尼系统吸收消耗撞击动能的机械式对接机构[102],LIDM采用高度机电一体化设计方案,用电磁捕获系统取代了机械式捕获系统,引入闭环柔顺控制系统替代传统的机械阻尼式缓冲系统,从根本上解决对接机构校准、捕获时对能量的需求。LIDM在结构和功能上弥补了传统机械式对接机构的缺点。

2.2 弱撞击对接系统

2.2.1 对接机构的基本设计要求

现代对接机构的基本任务是能够重复实现两航天器之间的机械对接、对接保持和分离操作[103-105]。考虑到航天器控制系统的任务需求,在允许的对接初始偏差范围内,对接机构应能完成规定操作。通常情况下,设计和研制对接机构最主要性能指标有三点:质量轻、可靠性高和通用性强。尤其在进行载人对接时,为了保障宇航员的生命安全,可靠性是最重要的性能指标。

根据空间对接的任务需求及已有的对接机构的实践经验,对接机构应具备以下功能:

(1)尽量减少空间飞行器间因对接产生的撞击力,最好为无冲击式的对接或者微冲击式的对接,这是保证对接安全可靠的一个重要前提;

(2)具有一定的初始捕获、校准和连接能力,避免对对接控制系统提出过高精度要求,特别是自主对接;

(3)具有闭环控制的柔顺力控制系统,通过控制系统完成对接机构的校准、捕获和缓冲;

(4)具有坚固刚性机械连接能力;

(5)对接保持时,能够提供一个畅通的人员或货物来往通道;

(6)提供对接面的可靠密封,对非载人的对接无此要求;

(7)具有重复对接和脱离能力;

(8)能立即进行应急脱离和释放;

(9)质量轻,布局紧凑,便于安装;

(10)功耗低。

为实现两航天器的对接、对接保持和分离,一般要求对接机构能够完成以下基本操作:①捕获初始偏差;②捕获;③缓冲;④校正;⑤拉紧;⑥对接面最后校准结合;⑦对接面密封的刚性连接;⑧分离;⑨分离后推开航天器。

2.2.2 空间位置姿态表示

2.2.2.1 坐标系定义

空间对接过程涉及主动飞行器、被动飞行器和主动对接机构3个机构18个自由度的相对运动,为了便于对整个对接系统进行研究分析,建立如图2.1所示的坐标系。

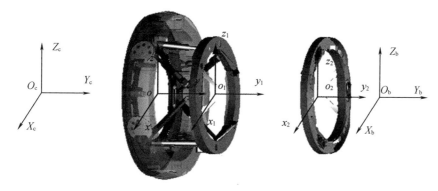

图 2.1　坐标系立体示意图

（1）惯性系

选用 J 2000 惯性坐标系。

（2）主动飞行器质心坐标系 $O_c - X_c Y_c Z_c$

原点位于主动航天器质心，Y_c 轴与主动航天器的纵轴重合指向 LSR，X_c 轴和 Z_c 轴在对接开始时分别和主动对接机构的连体坐标系的 x 轴和 y 轴平行，构成右手坐标系。

（3）被动飞行器质心坐标系 $O_b - X_b Y_b Z_b$

原点位于被动航天器质心，Y_b 轴与被动航天器的纵轴重合指向与被动对接环相反的方向，X_b 轴和 Z_b 轴在对接完成后分别和主动对接机构的连体坐标系的 x 轴和 y 轴平行，构成右手坐标系。

（4）主动对接机构连体坐标系 $o - xyz$

原点选在主动对接机构基座环的环心上，y 轴垂直于主动对接机构基座平面指向 LSR，x 轴和 z 轴在基座环面内，构成右手坐标系。

（5）LSR 随体坐标系 $o_1 - x_1 y_1 z_1$

原点选在主动对接机构 LSR 的环心上，y_1 轴平行主动飞行器的纵向对称轴指向导向瓣，x_1 轴和 z_1 轴在对接开始时分别和主动对接机构的连体坐标系的 x 轴和 y 轴平行，构成右手坐标系。

（6）被动对接机构对接环坐标系 $o_2 - x_2 y_2 z_2$

该坐标系原点位于被动捕获环环心，3 根主轴分别与被动飞行器质心坐标系平行。

2.2.2.2　坐标变换

LIDM 捕获系统具有 6 个空间自由度，包含两部分的运动：LSR 沿 3 个方向的平移运动和 LSR 沿 3 个方向的转动。LIDM 捕获系统的姿态通过固联在基座上的坐标系 $o - xyz$ 与固接在 LSR 上的坐标系 $o_1 - x_1 y_1 z_1$ 的相互关系来表示。

LSR 3 个平动自由度一般用固联在 LSR 上的坐标系原点 o_1 在坐标系 $o - xyz$ 中的坐标 $(x, y, z)^T$ 来表示。LSR 3 个转动自由度表示方法有多种,如方向余弦矩阵、欧拉角、RPY 角和四元数法等。在实际工程中使用最广泛的是欧拉角。为了方便计算,文中引入欧拉角表示方法,完成坐标系之间的变换。

由于 LSR 在空间中的转动可以分解为按照一定顺序绕固定坐标轴转动三次,则欧拉角变换具体可以通过 3 个欧拉角 α、β、γ 来确定 LSR 随体坐标系的姿态。欧拉角的旋转顺序不同会产生不同的旋转矩阵,且不能绕同一轴连续旋转两次。欧拉变换包括两类共 24 种,在文章中为了统一地表示旋转矩阵,采用 321 固定变换,即先绕 z 轴旋转 γ 角,之后绕 y 轴旋转 β 角,最后绕 x 轴旋转 α 角。图 2.2 所示为欧拉旋转姿态角的定义。

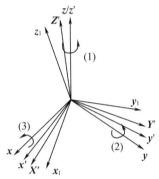

图 2.2 欧拉旋转姿态角的定义

(1)绕固定坐标轴 z 旋转,将初始坐标系绕 z 轴旋转 γ 角,此时,x 轴转至 x' 轴,y 轴转至 y' 轴,z 轴与 z' 轴重合,对应单轴旋转阵为[106]

$$\boldsymbol{R}(z,\gamma) = \begin{bmatrix} \cos \gamma & \sin \gamma & 0 \\ -\sin \gamma & \cos \gamma & 0 \\ 0 & 0 & 1 \end{bmatrix} \tag{2.1}$$

(2)绕固定坐标轴 y 旋转,将新坐标系绕 y 轴旋转 β 角,此时,x' 轴转至 X' 轴,y' 轴转至 Y' 轴,z' 轴转至 Z' 轴,对应的单轴旋转矩阵为

$$\boldsymbol{R}(y,\beta) = \begin{bmatrix} \cos \beta & 0 & -\sin \beta \\ 0 & 1 & 0 \\ \sin \beta & 0 & \cos \beta \end{bmatrix} \tag{2.2}$$

(3)绕固定坐标轴 x 旋转,将新坐标系绕 x 轴旋转 α 角,此时,X' 轴转至 x_1 轴,Y' 轴转至 y_1 轴,Z' 轴转至 z_1 轴,对应的单轴旋转矩阵为

$$\boldsymbol{R}(x,\alpha) = \begin{bmatrix} 1 & 0 & 0 \\ 0 & \cos \alpha & \sin \alpha \\ 0 & -\sin \alpha & \cos \alpha \end{bmatrix} \tag{2.3}$$

则固定于 LSR 的坐标系相对于固定在 LIDM 基座上的坐标系的旋转矩阵为[107]

$$R = R(x,\alpha)R(y,\beta)R(z,\gamma) = \begin{bmatrix} C\beta C\gamma & -C\beta S\gamma & S\beta \\ C\alpha S\gamma + S\alpha S\beta C\gamma & C\alpha C\gamma - S\alpha S\beta S\gamma & -C\beta S\alpha \\ S\alpha S\gamma - C\alpha S\beta C\gamma & S\alpha C\gamma + C\alpha S\beta S\gamma & C\alpha C\beta \end{bmatrix}$$

(2.4)

式中,C、S 分别为余弦函数 cos( )与正弦函数 sin( )的缩写。因此可由 R 完成从坐标系 $o_1 - x_1 y_1 z_1$ 到坐标系 $o - xyz$ 的向量变换。

同理,两航天器之间相对姿态角用欧拉角定义,从坐标系 $O_c - X_c Y_c Z_c$ 到坐标系 $O_b - X_b Y_b Z_b$ 的向量按 321 旋转顺序进行,3 个欧拉角分别为偏航角 Ψ、俯仰角 φ、滚转角 Ω。因此从坐标系 $O_c - X_c Y_c Z_c$ 到坐标系 $O_b - X_b Y_b Z_b$ 的旋转矩阵为

$$R_{cb} = R(x,\Psi)R(y,\varphi)R(z,\Omega) = \begin{bmatrix} C\varphi C\Omega & -C\varphi S\Omega & S\varphi \\ C\Psi S\Omega + S\Psi S\varphi C\Omega & C\Psi C\Omega - S\Psi S\varphi S\Omega & -C\varphi S\Psi \\ S\Psi S\Omega - C\Psi S\varphi C\Omega & S\Psi C\Omega + C\Psi S\varphi S\Omega & C\Psi C\varphi \end{bmatrix}$$

(2.5)

因此从 LSR 随体坐标系 $o_1 - x_1 y_1 z_1$ 到被动对接环坐标系 $o_2 - x_2 y_2 z_2$ 的旋转矩阵为

$$R_{12} = R_{cb}R$$

(2.6)

2.2.3　LIDM 的特性研究

LIDM 是安装在飞船或飞行器末端捕获目标载荷的通用接口,用于实现飞船或飞行器之间的对接。LIDM 的工作环境、自身的任务要求和特性,要求其具有大容差、低冲击和硬连接的机械性能。大容差性能是为了弥补对接机构软捕获系统定位精度较差的缺点,即在对接环与目标接口存在较大的位置、姿态偏差的情况下,可以实现与目标接口的可靠捕获;低冲击性能是指在对接时,对接机构的对接环与目标接口的接触力不会导致大的冲击或产生强烈的碰撞,保障了对接机构和目标载荷的安全;硬连接性能要求对接机构与目标载荷的通用接口具有一定的高定位精度和高连接刚度,以实现电气连接、数据传输和对目标载荷的精确定位。

2.2.3.1　大容差性能要求

考虑到对接结构在与目标载荷进行对接过程中处于高真空、微重力的环境,为了实现对接机构与目标载荷的准确捕获和对接,要求对接机构对目标载荷接口的捕获具有较大的容差范围,即当存在较大横向位置偏差、角偏差或速度偏差的情况下,对接机构仍旧可以完成与目标载荷的准确捕获、对接。

对接机构的容差性能决定了对接机构所允许的对接初始条件,只有对接机构的容差范围足够大,才能满足对接机构的初始对接条件。本节通过研究 LIDM 的

初始对接条件,来确定对接机构的容差性能。

两空间飞行器对接前,追踪(主动)飞行器平动逼近目标(被动)飞行器,并保持一个确定的轴向逼近速度,而在其他转角和直线方向速度保持为零。测控系统存在着误差导致相对速度和相对位置测量也存在误差,有些相对的运动参数会出现离散。对接机构初次接触时,主动飞行器对接环的坐标系与被动飞行器对接环的坐标系之间,相对于同轴的相对位移与相对转角的坐标偏差值,及其一阶导数统称为对接机构的对接初始条件[108]。对接初始条件是对接机构设计、研制和试验时的基本技术依据之一。

对接机构与航天器公共轴线的位置偏差之和由以下几项误差叠加而成:

(1)测量工具安装误差(目标、瞄准器、天线);

(2)对接机构的安装误差;

(3)测量误差;

(4)控制过程中产生的动力学问题。

初始对接条件的偏差参数表示如下:

(1)纵向逼近速度 V_y;

(2)位移横向偏差 Δr(ΔX、ΔZ);

(3)速度横向偏差 V_x、V_z;

(4)偏航角度偏差 Ψ;

(5)俯仰角度偏差 φ;

(6)滚转角度偏差 Ω;

(7)偏航相对角速度 ω_Ψ;

(8)俯仰相对角速度 ω_φ;

(9)滚转相对角速度 ω_Ω。

对接的初始条件由空间飞行器的位置、姿态调整控制系统实现,其各自由度之间是相互独立的。任一空间对接任务中,对接初始条件是由以上所述的参数随机组合而成的。通常情况下,主、被动空间飞行器质心坐标系测出来的位置、角度偏差就是控制系统要调节的量,由于靶标的瞄准线相对于对接机构的轴线有一定偏移量,观测到的靶标中心相对瞄准设备的十字线也有一定偏移,这些都会引起位置与角度的偏差。滚动角偏差会引起附加的侧向倾斜,在一般情况下,这会导致不同坐标下的角偏差与移动偏差相互发生关系。但是由于偏差的随机特性,对不同坐标的小偏差来说,这种偏差可以近似看成具有正态分布规律的独立随机变量。

为了确定 LIDM 的初始对接参数偏差(位姿和速度偏差)的分布范围,需要就所有形式的偏差组合进行分析。但是在对接机构系统设计和试验时,通常只研究最不利的对接初始参数组合,如对接机构接触时不能成功捕获的临界条件,这时采用的某些初始参数都是其所能选择的最大值。采取这种对接初始参数设计的对接机构都有一定的安全余量,在空间任务的应用中,按任务使命需求来缩小对接机构的尺寸减轻质量时,因存在这个余量就十分方便。以现有几种对接机构的初始条件作为参考,给出 LIDM 的对接初始条件,如表 2.1 所示。

表 2.1　对接机构的对接初始条件

对接机构	V_y /(m/s)	Δr ($\Delta X/\Delta Z$) /m	$\pm V_x$ (V_z) /(m/s)	$\pm\Psi$ ($\pm\varphi$) /(°)	$\pm\omega_\Psi$ ($\pm\omega_\varphi$) /[(°)/s]	$\pm\Omega$ /(°)	$\pm\omega_\Omega$ /[(°)/s]
"联盟号"–"礼炮号"	0.1~0.6(0.5)	0.4	0.1	7	1.0	15	1.0
"双子星座"–"阿金纳"	0.03~0.46	0.3	0.15	10	—	10	—
"阿波罗"–"天空实验室"	0.03~0.3	0.3	0.15	10	0.1	10	1.0
ASTP 的 AΠAC	0.05~0.3	0.3	0.1	7	1.0 主动 0.1 被动	7	1.0 主动 0.1 被动
改变后 ASTP 的 AΠAC	0.1~0.3	0.3	0.1	5	0.7 主动 0.1 被动	—	0.7 主动 0.1 被动
"神舟八号"–"天宫一号"	0.07~0.33	0.16	0~0.1	4	0.8	4	0.8
NDS	0.015~0.045	0.106	0.045	4	0.15	4	0.15

参照表 2.1 中现有对接机构的初始对接条件,并根据 LIDM 对接时的运动特点给出 LIDM 的对接初始条件,如表 2.2 所示。

表 2.2　LIDM 的对接初始条件

对接机构	V_y /(m/s)	Δr ($\Delta X/\Delta Z$) /m	$\pm V_x$ (V_z) /(m/s)	$\pm\Psi$ ($\pm\varphi$) /(°)	$\pm\omega_\Psi$ ($\pm\omega_\varphi$) /[(°)/s]	$\pm\Omega$ /(°)	$\pm\omega_\Omega$ /[(°)/s]
LIDM	0~0.015	0.13	0.01	5	0.15	5	0.15

2.2.3.2　低冲击性能要求

低冲击性能要求 LIDM 主动对接环与被动对接环之间的接触力不能太大,以避免产生较大的冲击,可以提高对接成功率。本书设计的 LIDM 可广泛应用于各个系列的具有通用接口的飞行器。当 LIDM 与太空中小质量、小惯量的目标载荷进行捕获、对接时,主动对接环与被动对接环之间的较大的冲击可能会使得被动对接环逃离主动捕获对接环的捕获范围,从而导致捕获失败;当与大质量、大惯量的目标载荷进行捕获、对接时,对接环之间的较大的冲击可能会使得对接环的部分零件发生变形、损坏,导致对接失败。因此在对接机构对目标载荷的捕获过程中,需要对对接环之间的接触力进行严格的控制,尽量降低冲击力,以保证主动对接机构对目标对接环的捕获、对接。

通过已有的文献资料[109]可知,低冲击性能的捕获方式主要有以下 3 种:

(1)被动柔顺捕获 指对接过程中对接环的捕获机构采用了柔性元件。例如,加拿大的 SSRMS 对接机构和柔性杆 – 锥式对接机构就采用了此方法。简单来说,被动柔顺捕获就是要求对接机构中包含扭簧、软轴和钢丝索之类的不用直接接触的柔性元件。

(2)主动柔顺捕获 指利用主动柔顺控制的方法,对主动对接机构的对接环进行阻抗控制或者力/位置混合控制来跟踪主动对接环与被动对接环之间的碰撞接触力,进而以柔顺控制降低捕获过程中的碰撞接触力,确保碰撞力维持在预期范围内。

(3)被动柔顺捕获与主动柔顺捕获相结合 指对接机构既具有一定的被动柔顺捕获能力,又能够通过力/位置混合控制或阻抗控制进行主动柔顺控制,来对对接机构的对接环与目标载荷接口之间的接触力进行控制。

2.2.3.3　硬连接性能要求

硬连接性能是指在对接机构完成对目标载荷接口的捕获之后,通过额外的锁紧机构来使得对接机构与目标载荷达到高刚度、高精度的机械硬连接来进一步提高飞船、卫星与目标载荷之间连接的机械刚度。

综上所述,大容差、低冲击和硬连接是 LIDM 的基本性能要求。3 种性能直接影响着 LIDM 的功能和应用范围。大容差性能将影响 LIDM 对目标载荷接口的捕获范围;低冲击性能影响对接机构与目标载荷接口的捕获和对接成功率;硬连接性能不仅会直接影响对接机构的对接成功率,还会影响对接机构的应用范围。各性能可以保证对接机构对空间中任意具有通用对接接口的目标进行捕获和对接。

2.2.4　LIDM 的方案设计

根据大容差、低冲击和硬连接的基本性能要求,空间任务特点及对 LIDM 工作原理的分析,参考已有的国内外文献资料,本书提出了可行的 LIDM 设计方案,并进行了详细的设计和优化。

2.2.4.1　任务需求

LIDM 要完成的基本任务是保证两个航天器之间可以完成机械对接、对接保持和分离的操作。通常对接机构有质量轻、可靠性高的基本要求,可靠性在载人对接任务中是最重要的性能要求。LIDM 一般采用软对接的对接方式,接触力较小,一般不需要缓冲装置。要实现以上要求,LIDM 一般要完成以下操作:①补偿初始偏差;②捕获;③校正;④拉紧;⑤校准结合;⑥密封和刚性连接;⑦接通测量监控系统与传递控制的信号;⑧分离;⑨分离后推开航天器。

此外,根据任务需求的不同,LIDM 有可能还需要完成一些其他操作:①打开舱盖;②腾空通道;③连接电气接头;④保证通道可以增压、泄压;⑤检验密封性。

2.2.4.2 LIDM 的工作过程

LIDM 的对接过程包含两个步骤:

(1)LIDM 的空间交会 该步骤分 3 个阶段:①远程导引,是指地面遥控空间飞行器通过多次变轨操作,进入目标飞行器的交会范围;②近程导引,是空间飞行器自身的测控装置,控制飞行器前往对接初始点;③逼近,是指空间飞行器通过变轨、绕飞等一系列操作,进入目标飞行器的捕获范围。

(2)空间对接段 是指通过空间飞行器测控系统完成两空间飞行器的捕获、拉紧、锁合等操作,完成两飞行器的刚性连接,实现共同飞行。

LIDM 只参与了最终段的捕获对接过程,LSR 上的导向瓣与被动对接环接触产生的碰撞力通过 LSR 上的力传感器测得并反馈给控制系统,从而通过控制驱动臂的运动来调整 LSR 的位置、姿态实现柔性捕获。然后,通过 LIDM 驱动臂的收缩运动将目标飞行器拉紧,同时捕获系统回到结构框内,LIDM 重回收缩状态。最后,通过结构锁完成两空间飞行器的刚性连接,对接过程结束。

2.2.4.3 LIDM 的技术要求

本书结合任务需求和 LIDM 的工作过程,以及国内外的成功经验,并参照已有的对接机构的设计尺寸、质量(表2.3)提出了 LIDM 的技术要求,如表2.4 所示。

表 2.3 部分对接机构的尺寸、质量

对接机构名称	机构包络尺寸/mm	通道直径/mm	机构质量/kg
"联盟号"飞船杆–锥式对接机构	φ1 750×550	800	240
异体同构周边式对接机构 APAS	φ1 800×600	800	450
混合式对接机构 HPADS	φ2 013×600	1 100	350
抓手–碰撞锁式对接机构	φ1 500×300	—	150

表 2.4　LIDM 的技术要求

项　目	指　标
LIDM 最大质量	350 kg
机构收缩时最大包络尺寸	ϕ 1 800 mm × 450 mm
机构展开时最大包络尺寸	ϕ 1 800 mm × 1 000 mm
通道直径	1 000 mm
最大初始径向偏差	130 mm
最大初始相对姿态角	轴向 ±5°,径向 ±5°
最大展开速度	2 mm/s
最大展开加速度	8 mm²/s
锁合时间	50 s
锁合力	50 000 N
最大撞击力/力矩	500 N/500 N·m

2.2.5　LIDM 的模型设计

结合以上任务要求、工作原理和技术指标,并以国内外的对接机构研究成果为基础,对 LIDM 进行了原理构型设计,改进并确定了最终的设计模型,如图 2.3 所示。该机构主要包括结构框、电磁捕获系统、基座、驱动臂系统、LSR、压力传感器和锁合系统等。

图 2.3　弱撞击对接机构设计模型

2.2.5.1　负载传感环(LSR)设计

如图 2.4 所示,LIDM 的 LSR 主要包括内环和外环。外环套在内环之外,内、外环通过三对交叉均匀分布的力传感器连接。内、外环与六只传感器组成了一个六维力/力矩测量系统,监测对接过程中的碰撞力和力矩信息,并将力和力矩信息反馈给柔顺控制器。力传感器测量值与空间碰撞力和力矩间的关系如下:

$$F'_e = J_s^T f_s \qquad (2.7)$$

式中,f_s——六只力传感器测量值组成的矩阵;

$\quad\ J_s^T$——力雅可比矩阵;

$\quad\ F'_e$——空间碰撞力/力矩信息在 LSR 随体坐标系 $o_1 - x_1 y_1 z_1$ 中的表示。

力雅可比矩阵 J_s^T 可以根据螺旋定理求得[110]

$$J_s^T = \begin{bmatrix} \dfrac{a_1 - A_1}{|a_1 - A_1|} & \dfrac{a_2 - A_2}{|a_2 - A_2|} & \cdots & \dfrac{a_6 - A_6}{|a_6 - A_6|} \\[3mm] \dfrac{A_1 \times a_1}{|a_1 - A_1|} & \dfrac{A_2 \times a_2}{|a_2 - A_2|} & \cdots & \dfrac{A_6 \times a_6}{|a_6 - A_6|} \end{bmatrix} \qquad (2.8)$$

式中,a_i 与 A_i 分别为第 i 个力传感器上、下铰接点在坐标系 $o_1 - x_1 y_1 z_1$ 中的坐标。

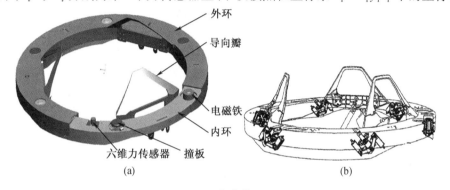

(a)　　　　　　　　　　　　　　(b)

图 2.4　负载传感环

在 LSR 外环内侧,有 3 片均匀分布的导向瓣,如图 2.5 所示,具有在初始接触时导向的功能,导向瓣的结构尺寸在一定程度上决定了两 LIDM 之间的最大位置、角度偏差。在内环上,交叉均匀分布了 3 个撞板与 3 个电磁铁,如图 2.4(b)所示。捕获过程中,当 LSR 与被动对接环面接触后电磁铁通电吸引撞板,完成两 LIDM 间的捕获。

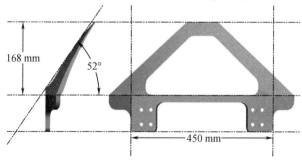

图 2.5　LSR 的导向瓣

捕获过程中,由于存在对接初始偏差,在校准过程中可能因定位、导向不完全等因素导致电磁铁与撞板接触面间存在不完全贴合的情况,不能实现两表面的完全接触,因此设计了一种能够实现六自由度自动调节的撞板,可以有效解决此问题,如图2.6所示。撞板主要包括底座、复位弹簧、结构支撑件、扭转弹簧及外壳等。复位弹簧两端分别连接底座和外壳,保证接触时撞板可以保留 y 方向的位移,其他部件组成的机构保证接触时撞板可以保留 x、z 方向的位移以实现绕3个轴的转动,当作用力消失后,撞板通过扭簧与复位弹簧恢复原位。

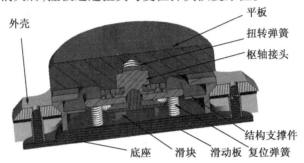

外壳 平板 扭转弹簧 枢轴接头 结构支撑件 底座 滑块 滑动板 复位弹簧

图2.6 六自由度撞板模型

LIDM捕获阶段的碰撞力是通过LSR的力传感器测量获得的,力传感器都存在安全使用范围,为了在过载情况下保护传感器,设计了一种机械式保护装置,能够避免一些极端环境中因超载而损坏传感器或导致传感器失效的情况,如图2.7所示。过载保护器主要包括安装座、上保护装置、碟簧、结构梁、二轴联接铰、下保护装置和三轴联接铰。当作用力超过力传感器安全范围时,通过改变力的传递路径可以有效保护力传感器。

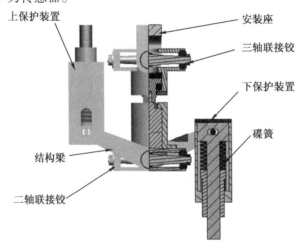

上保护装置 安装座 三轴联接铰 下保护装置 碟簧 结构梁 二轴联接铰

图2.7 力传感器过载保护器

2.2.5.2　驱动臂系统设计

6 个驱动臂与 LSR 共同组成了一个六自由度平台,通过调整驱动臂的长度可以控制 LSR 的位置和姿态。如图 2.8 所示,驱动臂结构,主要包括齿轮箱、电机、滚珠丝杠、套筒和转动枢轴。驱动臂绕自身轴向旋转的自由度是通过转动枢轴实现的。

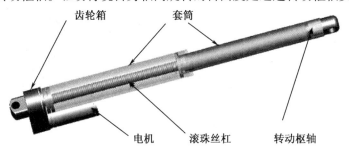

图 2.8　驱动臂的结构图

为了达到期望的刚度,驱动臂与基座和 LSR 之间均采用具有 2 个自由度的虎克铰相连。因此加上驱动臂转动枢轴提供的转动自由度使得每一个驱动臂分支均具有 6 个自由度,则 LSR 也具有 6 个自由度,能够满足对接任务的位姿需求。

2.2.5.3　支撑定位系统设计

支撑定位系统是为固定 LSR 而设计的。为了避免在发射或其他非工作状态下 LSR 因晃动引发的损坏,当 LIDM 不工作时利用定位锁来固定 LSR 起到保护的作用。其结构主要包括基座、撞杆和定位锁等。基座上均匀布置 3 个定位锁用于固定 LSR,安装于基座上的撞杆与安装在 LSR 上的撞板位置对应,如图 2.9(a)所示。当 LSR 被锁定后,撞板被撞杆顶出并确保撞板平面高于 LSR,该设计方案减小了对接过程中 LSR 与被动对接环的接触面积,增加了捕获成功率。

定位锁机构由锁合臂、滚珠丝杠、碟簧、驱动电机等组成,如图 2.9(b)所示。锁合臂包含锁钩、推杆和转动块,是一个三连杆机构。碟簧安装在推杆上,为锁紧功能提供预紧力。通过调节滚珠丝杠的转动方向,实现锁合与解锁功能。壳体设有限位开关,其作用是限制锁合与解锁的位置。

2.2.5.4　锁合系统设计

锁合系统是完成主、被动 LIDM 刚性连接、保持及分离等操作的机构。该系统主要结构包括驱动机构、传动机构与结构锁,如图 2.10 所示。

传动机构主要包括传动轮、钢索、导向机构和支撑等。传动轮通过钢索连接具有同步运动的特性,由一组或多组电机完成驱动,以确保结构锁的锁合动作一致。

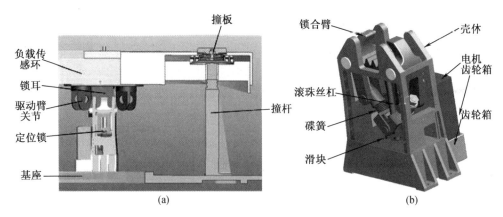

图 2.9　支撑定位系统

（a）支撑定位系统组成；（b）定位锁的结构模型

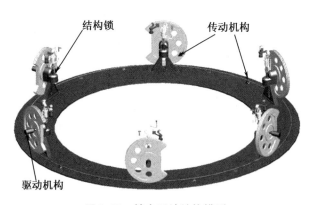

图 2.10　锁合系统结构模型

驱动机构主要包含电机和齿轮箱。驱动机构安装在某个或某几个传动轮上，为了提高系统的可靠性，需要有 1~2 套驱动设备作为备份。

结构锁是完成两 LIDM 最终刚性连接的重要部件，结构锁同时采用一个主动锁钩和一个被动锁钩，并呈反对称形式设计，从而使锁合系统具有异体同构的功能。

已有对接机构的结构锁如图 2.11 所示，采用的设计形式有：①复合凸轮式；②仿形槽加螺旋式；③偏心轮加凸轮式；④偏心轮加弹簧式；⑤滚珠丝杠弹簧机构式。表 2.5 分别列出了 5 种结构锁的优缺点，通过对比可以发现，滚珠丝杠弹簧机构式结构锁较其他形式优势突出，如结构简单、传动效率高、功率恒定等，能够满足任务需求，所以本书采用滚珠丝杠弹簧机构式结构锁。

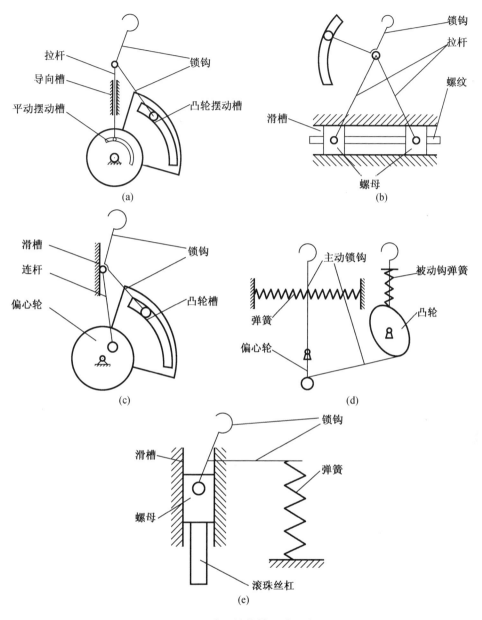

图 2.11 常见结构锁设计形式

(a)复合凸轮式;(b)仿形槽加螺旋式;(c)偏心轮加凸轮式;(d)偏心轮加弹簧式;(e)滚珠丝杠弹簧机构式

表 2.5 5 种方案的比较

方案	工作原理	自锁保证	优缺点
复合凸轮式结构锁	凸轮摆动槽推动锁钩使锁钩产生摆动,凸轮平动槽带动拉杆做直线运动	通过设计凸轮平动槽轮廓曲线实现自锁	优点:结构简单,可以通过设计凸轮的轮廓曲线控制锁钩摆动和上下运动时的运动规律。 缺点:存在高副运动副接触,会导致严重的磨损
仿形槽加螺旋式结构锁	螺杆转动推动两螺母在滑槽中做反向运动,通过两拉杆拉动锁钩向下运动,通过仿形槽的形状可以确定锁钩的摆动与角度固定	设计矩形螺纹的升角小于摩擦角	优点:采用螺纹力放大机构,驱动方便;采用对称的螺纹传动使水平方向上的力抵消,减小了传动系统的载荷。 缺点:结构较复杂,效率低;拉紧过程中,锁钩的运动速度增大,导致拉力增大及所需驱动功率成倍增大
偏心轮加凸轮式结构锁	锁钩的摆动靠凸轮槽实现,锁钩啮合后由凸轮槽保证其方向,通过偏心轮带动连杆,连杆拉动锁钩在滑槽的支撑下实现锁钩的直动	偏心轮受力作用线与作用点和转轴中心的连线夹角小于摩擦角	优点:传动效率高、结构简单;锁钩拉紧的速度越来越小,从而使得所需驱动功率在拉紧力增大的情况下不致于增加太大。 缺点:偏心轮承受的力矩较大,因此偏心轮的转速要小,使得凸轮的半径增大;由于对接力矩不断变化,电机的输出转速也随之变化,给对接时间的计算带来不便
偏心轮加弹簧式结构锁	偏心轴带动锁钩底端做圆周运动,锁钩在两端弹簧力作用下产生摆动而啮合,啮合后在被动钩的支持力作用下主动锁钩做直线运动	偏心轮受力作用线与作用点和转轴中心的连线夹角小于摩擦角	优点:结构最简单;备份打开容易实现。 缺点:在对接框面上产生的分力会导致功率产生部分损耗,主动锁钩的空载摆正时间较长
滚珠丝杠弹簧机构式结构锁	滚珠丝杠带动螺母沿滑槽直动,主动锁钩受到弹簧的推力而摆正,啮合后主动锁钩在被动锁钩的支持下向下运动压缩弹簧	滚珠丝杠可以采用摩擦片使其反方向自锁	优点:机构简单、功率恒定、传动效率高。 缺点:弹簧可能会因过压失效而影响打开操作;若减少锁钩摆正时间,会导致弹簧与推杆连接的突出杆变短,从而导致安装困难

结构锁工作过程主要包括 5 个阶段:到达锁合位置初始位置、啮合、拉紧、松开

和脱离啮合,如图 2.12 所示。该结构锁可以实现系统锁合与分离两种操作。

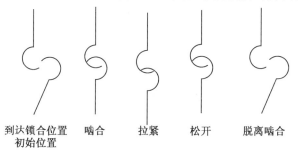

到达锁合位置 啮合 拉紧 松开 脱离啮合
初始位置

图 2.12 结构锁工作过程

结构锁主要由被动锁钩、碟簧、爆炸螺栓、主动锁钩、摆正推杆、摆正弹簧、机架、滚珠丝杠和齿轮箱等组成,如图 2.13 所示。

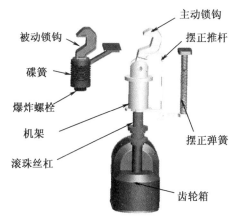

主动锁钩
被动锁钩
摆正推杆
碟簧
爆炸螺栓
机架
摆正弹簧
滚珠丝杠
齿轮箱

图 2.13 结构锁的三维模型

工作原理:到达锁合位置时,主动锁钩处于倾斜位置,摆正弹簧处于原长位置,齿轮箱带动滚珠丝杠转动,带动机架向下运动,摆正推杆受到弹簧的拉力逆时针转动使得主动锁钩发生摆正运动,即产生啮合运动;完全啮合后,主动锁钩带动被动锁钩向下运动并压缩碟簧,使得结构锁拉紧。松开的操作与拉紧操作相反,脱离啮合的操作与啮合的操作相反。

2.3 LIDM 的运动学分析

2.3.1 LIDM 捕获系统的位置分析

LSR 的位置、姿态与驱动臂伸缩量之间的关系是 LIDM 运动学分析的一个基础问题,以此为基础,可以完成 LSR 的运动速度、静力学、动力学及控制系统等问题的研究。LIDM 捕获系统的运动学分析包含两种问题,即运动分析的正解和运动分析的反解。当已知驱动臂长度求 LSR 的位置、姿态为正解,反之已知 LSR 的位置、姿态求驱动臂长度为反解。

位置正解有封闭解法(closed-form solution)和数值解法(numerical approach)。封闭解法通常是通过代数法引入多个相容方程,从而消去约束方程中的未知参数得到一个单参数的高阶多项式再求解。由于 LIDM 捕获系统的工作原理与六自由度并联机构类似,所以封闭解法可以参考并联机构的解法,例如矢量代数法、螺旋代数法、几何法、对偶矩阵法、矩阵法、四元素法等。封闭解的优点是能够得到封闭解的表达式,即能求得方程的全部解,便于进行理论研究;缺点是求解难度大,一种解法适应一种机构,通用性差。数值解法能够快速便捷地对任何结构形式求得实数解,但是无法得到全部的解[111],不适合理论研究。本节根据 LIDM 的几何特性,结合矢量代数法、几何法和矩阵法推导了适用于 LIDM 捕获系统的封闭解法。

2.3.2 LIDM 的位置反解

LIDM 的捕获系统由 LSR、基座及 6 个驱动臂组成,每个驱动臂两端都是虎克铰,驱动臂包含一个移动副和一个绕自身轴线转动的转动副。LSR 坐标原点的空间位置和姿态可以通过调整驱动臂的长度来确定。若给定 LSR 在空间的位置和姿态,求各驱动臂的长度,即各移动副的位移,这就是该机构的位置反解。

为了方便计算,在 LIDM 的 LSR 和基座上各建一坐标系,如图 2.14 所示,分别为 LSR 随体坐标系 $o' - x'y'z'$ 和基坐标系 $o - xyz$。坐标系的原点分别选在两虎克铰连线的中心位置,x 轴沿虎克铰连线方向。LSR 随体坐标系中的任一向量 a' 可以通过坐标变换矩阵在基坐标系中表示,即

$$a = P + Ra' \tag{2.9}$$

式中,R 为 LSR 姿态的方向余弦矩阵,矩阵的三列分别为 LSR 随体坐标系各轴在基坐标系中的方向余弦;P 为 LSR 坐标系原点的位置矢量。

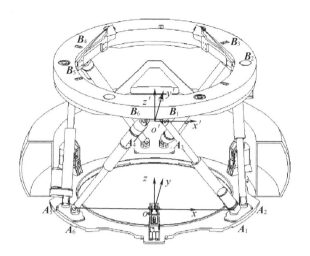

图 2.14 弱撞击对接机构及其坐标系

当给定 LIDM 各节点的尺寸后,根据式(2.9)可以求出 6 个驱动臂长度矢量 $l_i(i=1,2,\cdots,6)$ 的表达式为

$$l_i = RB_i + P - A_i \quad i = 1,2,\cdots,6 \tag{2.10}$$

式中,B_i 为 LSR 各节点在 $o'-x'y'z'$ 中的坐标;A_i 为基座上各节点在 $o-xyz$ 中的坐标。从而得到 LIDM 捕获系统位置反解方程为

$$l_i = \sqrt{l_{ix}^2 + l_{iy}^2 + l_{iz}^2} \quad i = 1,2,\cdots,6 \tag{2.11}$$

式(2.11)为 6 个独立的显式方程,当已知 LIDM 的基本尺寸和 LSR 的位置、姿态后,就可以利用该式求出各驱动臂的长度。

2.3.3 LIDM 的位置正解

由于数值解不便于用作其他理论的分析,因此可通过采用解析法来求得 LIDM 的封闭解。本书根据 LIDM 的结构构型提出了一种较为简便的位置正解方法。根据 LIDM 的结构特点,建立如图 2.14 所示坐标系能够简化计算过程。

点 A_i 在基坐标系 $o-xyz$ 中的坐标为 $A_i = (a_{xi}, a_{yi}, 0)^{\mathrm{T}}$,LSR 坐标原点 o' 在基坐标系 $o-xyz$ 中的坐标 $P = (x, y, z)^{\mathrm{T}}$,点 B_i 在坐标系 $o'-x'y'z'$ 中的坐标为 $B_i = (b_{xi}, b_{yi}, 0)^{\mathrm{T}}$,$l_i$ 为驱动臂 A_iB_i 的长度矢量,为了简化计算,旋转矩阵 R 表示为

$$R = \begin{bmatrix} u_1 & v_1 & n_1 \\ u_2 & v_2 & n_2 \\ u_3 & v_3 & n_3 \end{bmatrix} \tag{2.12}$$

将 LIDM 各节点的坐标与式(2.12)代入式(2.11),得

$$(b_{xi}u_1 + b_{yi}v_1 + x - a_{xi})^2 + (b_{xi}u_2 + b_{yi}v_2 + y - a_{yi}) + (b_{xi}u_3 + b_{yi}v_3 + z) - l_i^2 = 0$$
$$i = 1,2,\cdots,6 \tag{2.13}$$

式(2.13)中不含 n_1、n_2 和 n_3,因此在位置正解中只需要求解 9 个未知数。令

P 为 LSR 随体坐标系与基坐标系原点间的距离,可得

$$P = \sqrt{x^2 + y^2 + z^2} \quad P > 0 \tag{2.14}$$

令

$$C_i = a_{xi}b_{xi}, D_i = a_{yi}b_{xi}, E_i = a_{xi}b_{yi},$$
$$F_i = a_{yi}b_{yi}, G_i = (l_i^2 - P^2 - a_{xi}^2 - a_{yi}^2 - b_{xi}^2 - b_{yi}^2) \tag{2.15}$$
$$w_1 = u_1 x + u_2 y + u_3 z \tag{2.16}$$
$$w_2 = v_1 x + v_2 y + v_3 z \tag{2.17}$$

根据图 2.14 所建坐标系可知 $a_{y1} = a_{y6} = b_{y1} = b_{y6} = 0$,将式(2.13)展开得

$$b_{xi}w_i - a_{xi}x - C_i u_1 - G_i = 0 \quad i = 1,6 \tag{2.18}$$
$$b_{xi}w_1 + b_{yi}w_2 - a_{xi}x - a_{yi}y - E_i v_1 - C_i u_1 - D_i u_2 - F_i v_2 - G_i = 0 \quad i = 2,3,4,5 \tag{2.19}$$

因为引入了中间变量,未知量的个数增加到 11 个,因此需要 11 个独立的方程来求解。另外由于旋转矩阵 $\boldsymbol{R}$ 是单位正交矩阵,可以引入 6 个方程

$$u_1^2 + u_2^2 + u_3^2 = 1 \tag{2.20}$$
$$v_1^2 + v_2^2 + v_3^2 = 1 \tag{2.21}$$
$$u_1 v_1 + u_2 v_2 + u_3 v_3 = 0 \tag{2.22}$$
$$n_1 = u_2 v_3 - u_3 v_2 \tag{2.23}$$
$$n_2 = u_3 v_1 - u_1 v_3 \tag{2.24}$$
$$n_3 = u_1 v_2 - u_2 v_1 \tag{2.25}$$

因此这 11 个未知量可以通过式(2.15)～式(2.25)基本方程联立求解。

另外根据 LIDM 各节点的几何对称关系,式(2.18)和式(2.19)可重新表示为

$$w_1 = H_1 v_1 + J_1 \tag{2.26}$$
$$x = H_2 v_1 + J_2 \tag{2.27}$$
$$u_2 = H_3 v_1 + J_3 \tag{2.28}$$
$$w_2 = H_4 u_1 + H_5 v_2 + J_4 \tag{2.29}$$
$$y = H_6 u_1 + H_7 v_2 + J_5 \tag{2.30}$$
$$P^2 = H_8 u_1 + H_9 v_2 + J_6 \tag{2.31}$$

式中,H_i 和 J_i 为常数项。

将式(2.14)、式(2.16)、式(2.17)和式(2.20)～式(2.22)代入文献[112]所述的 6 个恒等式(式(2.32))

$$\begin{cases} u_3^2 z^2 - (u_3 z)^2 = 0 \\ v_3^2 z^2 - (v_3 z)^2 = 0 \\ u_3^2 v^2 - (u_3 v)^2 = 0 \\ (u_3 v_3) z^2 - (u_3 z)(v_3 z) = 0 \\ (v_3 z) u_3^2 - (u_3 v_3)(u_3 z) = 0 \\ (u_3 z) v_3^2 - (u_3 v_3)(v_3 z) = 0 \end{cases} \tag{2.32}$$

得到 6 个只包含未知数 u_1、v_1、v_2 的方程:

$$g_{i,1}v_2^4 + g_{i,2}v_2^3v_1 + g_{i,3}v_2^2v_1^2 + g_{i,4}v_2v_1^3 + g_{i,5}v_1^4 + g_{i,6}v_2^3 + g_{i,7}v_2^2v_1 + g_{i,8}v_2v_1^2 + g_{i,9}v_1^3 +$$
$$g_{i,10}v_2^2 + g_{i,11}v_2v_1 + g_{i,12}v_1^2 + g_{i,13}v_2 + g_{i,14}v_1 + g_{i,15} = 0 \quad i = 1, 2, \cdots, 6 \quad (2.33)$$

式中,$g_{i,j}$ 为关于 u_1 的多项式。将 LIDM 各节点的坐标代入式(2.33),并表示成矩阵形式,得

$$\begin{bmatrix} 0 & 0 & g_{1,3} & 0 & g_{1,5} \\ 0 & 0 & g_{2,3} & 0 & 0 \\ 0 & 0 & 0 & 0 & g_{3,5} \\ 0 & 0 & 0 & g_{4,4} & 0 \\ 0 & 0 & 0 & 0 & g_{5,5} \\ 0 & 0 & 0 & g_{6,4} & 0 \end{bmatrix} \begin{bmatrix} v_2^4 \\ v_2^3 v_1 \\ v_2^2 v_1^2 \\ v_2 v_1^3 \\ v_1^4 \end{bmatrix} + \begin{bmatrix} g_{1,6}v_2^3 + g_{1,7}v_2^2v_1 + \cdots + g_{1,15} \\ g_{2,6}v_2^3 + g_{2,7}v_2^2v_1 + \cdots + g_{2,15} \\ g_{3,6}v_2^3 + g_{3,7}v_2^2v_1 + \cdots + g_{3,15} \\ g_{4,6}v_2^3 + g_{4,7}v_2^2v_1 + \cdots + g_{4,15} \\ g_{5,6}v_2^3 + g_{5,7}v_2^2v_1 + \cdots + g_{5,15} \\ g_{6,6}v_2^3 + g_{6,7}v_2^2v_1 + \cdots + g_{6,15} \end{bmatrix} = \begin{bmatrix} 0 \\ 0 \\ 0 \\ 0 \\ 0 \\ 0 \end{bmatrix} \quad (2.34)$$

由于 LIDM 捕获系统结构上的对称性,式(2.34)前五项的系数均为常数,且系数为 0 的项不随驱动臂长度的变化而变化,其余各项的系数都是关于 u_1 的多项式。

根据式(2.34)的第三行可得

$$v_1^4 = (g_{3,6}v_2^3 + g_{3,7}v_2^2v_1 + \cdots + g_{3,15})/g_{3,5} \quad (2.35)$$

将式(2.35)代入式(2.34)的第五行得

$$j_1v_2^3 + j_2v_2^2v_1 + j_3v_2v_1^2 + j_4v_1^3 + j_5v_2^2 + j_6v_2v_1 + j_7v_1^2 + j_8v_2 + j_9v_1 + j_{10} = 0 \quad (2.36)$$

式中,各项系数 j_i 为关于 u_1 的多项式。

分别用 $1, v_1, v_2$ 乘以式(2.34)中 $i = 1, 2, 3, 4, 6$ 的 5 个方程可得到 15 个方程,另外分别用 $1, v_1, v_1^2, v_1 v_2$ 乘以式(2.36)可得到 4 个方程,这 19 个方程式中共含有 19 个未知量,形式如式(2.37)所示:

$$q_{i,1}v_2^3v_1^2 + q_{i,2}v_2^2v_1^3 + q_{i,3}v_2v_1^4 + q_{i,4}v_1^5 + q_{i,5}v_2^4 + q_{i,6}v_2^3v_1 + q_{i,7}v_2^2v_1^2 + q_{i,8}v_2v_1^3 +$$
$$q_{i,9}v_1^4 + q_{i,10}v_2^3 + q_{i,11}v_2^2v_1 + q_{i,12}v_2v_1^2 + q_{i,13}v_1^3 + q_{i,14}v_2^2 + q_{i,15}v_2v_1 + q_{i,16}v_1^2 +$$
$$q_{i,17}v_2 + q_{i,18}v_1 + q_{i,19} = 0 \quad i = 1, 2, \cdots, 19 \quad (2.37)$$

式中,各项系数 $q_{i,j}$ 为关于 u_1 的多项式。

这 19 个方程中含有 19 个未知量,可以表示成矩阵相乘的形式,即

$$MN = 0 \quad (2.38)$$

式中,M 为一个 19×19 的矩阵,并且其元素均为 u_1 的多项式;N 为 19×1 的未知向量矩阵

$$N = \begin{bmatrix} v_2^3v_1^2 & v_2^2v_1^3 & v_2v_1^4 & v_1^5 & v_2^4 & v_2^3v_1 & v_2^2v_1^2 & v_2^1v_1^3 & v_1^4 \\ v_2^3 & v_2^2v_1 & v_2v_1^2 & v_1^3 & v_2^2 & v_2v_1 & v_1^2 & v_2 & v_1 & 1 \end{bmatrix} \quad (2.39)$$

方程(2.38)是一个齐次线性方程组,其有非零解的条件是系数行列式的值为零,即

$$\det |\boldsymbol{M}| = 0 \tag{2.40}$$

从式(2.40)能够获得一个关于 u_1 的复杂的高次多项式。由式(2.40)求得 u_1 后,可计算出矩阵 $\boldsymbol{M}$ 的每一个元素,因此 v_1 和 v_2 可以通过式(2.38)确定。然后将 u_1、v_1 和 v_2 代入式(2.26)和式(2.31)求得 w_1、x、u_2、w_2、y、P。通过式(2.14)、式(2.16)和式(2.17)求出 u_3、v_3、z。最后通过式(2.23)~式(2.25)计算出 n_1、n_2 和 n_3,即求得 LIDM 捕获系统的位置正解。

2.4　LIDM 捕获系统的工作空间

对接初始条件作为一个直接关系 LIDM 能否对接成功的基本技术指标,也直接影响着对接机构设计与研制。LIDM 能否捕获成功的因素之一就是其捕获系统的工作空间是否满足其对接初始条件。因为只有确定了 LIDM 捕获系统的所有能够达到的位姿,才能准确判断所用方案对接机构的对接初始条件是否与任务要求相符。LIDM 捕获系统的工作空间是评价对接机构工作能力的一个重要方面。

LIDM 作为一种先进的对接机构,国内还未发现相关方面的研究;国外基本没有有关其捕获系统运动空间分析的文献,主要都是针对 LIDM 的结构及其功能和密封方面的资料。本节以 LIDM 捕获系统为基础,力图从实际出发,探求影响 LIDM 捕获系统工作空间大小和形状的因素,以充分认知 LIDM 捕获系统的工作空间。

2.4.1　LIDM 捕获系统的工作空间

LIDM 捕获系统的工作空间是指 LSR 上参考点可以达到所有点的集合,是衡量对接机构性能的一个重要指标。工作空间的大小决定了 LIDM 捕获系统的运动范围和捕获范围。为了便于计算,如图 2.15 所示建立 LIDM 及其动静坐标系。

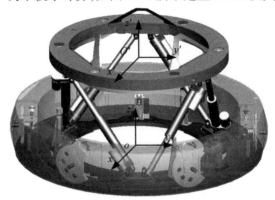

图 2.15　LIDM 及其动静坐标系

静坐标系 $o-xyz$ 固定在基座上表面,驱动臂与基座连接的各转动副中心坐标 $\boldsymbol{A}_i$ 为 $(x_{ai},y_{ai},z_{ai})^{\mathrm{T}}$;动坐标系 $o'-x'y'z'$ 固定在 LSR 表面,各驱动臂顶点 $\boldsymbol{B}_i$ 的坐标为 $(x_{bi},y_{bi},z_{bi})^{\mathrm{T}}$;坐标系旋转矩阵为 $\boldsymbol{R}$;动坐标系原点 o' 在坐标系 $o-xyz$ 中的坐标为 $\boldsymbol{P}(x,y,z)^{\mathrm{T}}$。$\alpha$、$\beta$ 和 γ 表示动坐标系绕固定坐标系 x、y、z 轴转动的欧拉角[113]。此处所述的 LIDM 捕获系统的运动空间即为 α、β 和 γ 保持某一固定值时,o' 点所有可能到达位置点的集合。

2.4.2　LIDM 捕获系统工作空间的影响因素

工作空间是 LIDM 的重要特性,影响其捕获系统工作空间的因素很多,但是主要因素有四种,即驱动臂长度的限制、转动副转角的限制、驱动臂之间的干涉及 LIDM 结构框内径的限制。由于 LIDM 的初始对接偏差相对较小,此处忽略驱动臂之间干涉的影响。

2.4.2.1　驱动臂长度的限制

连接 LSR 和基座的驱动臂的长度变化范围是有限制的,用 $l_{\min}$ 和 $l_{\max}$ 分别表示驱动臂在 LIDM 捕获系统工作中所能达到的极限长度,也就是驱动臂的最短值和最长值,则驱动臂长度的约束条件可以表示为

$$l_{\min} < l_i < l_{\max} \tag{2.41}$$

LIDM 中各驱动臂的长度 l_i 满足

$$l_i = \left[(\boldsymbol{RB}_i + \boldsymbol{P} - \boldsymbol{A}_i)^{\mathrm{T}} (\boldsymbol{RB}_i + \boldsymbol{P} - \boldsymbol{A}_i) \right]^{1/2} \quad i = 1,2,\cdots,6 \tag{2.42}$$

为了便于计算,令

$$\boldsymbol{R} = \begin{bmatrix} r_{11} & r_{12} & r_{13} \\ r_{21} & r_{22} & r_{23} \\ r_{31} & r_{32} & r_{33} \end{bmatrix} \tag{2.43}$$

将式(2.43)代入式(2.42)展开得

$$\begin{aligned} l_i^2 = {} & (r_{11}b_{xi} + r_{12}b_{yi} + r_{13}b_{zi} + x - a_{xi})^2 + (r_{21}b_{xi} + r_{22}b_{yi} + r_{23}b_{zi} + y - a_{yi})^2 + \\ & (r_{31}b_{xi} + r_{32}b_{yi} + r_{33}b_{zi} + z - a_{zi})^2 \quad i = 1,2,\cdots,6 \end{aligned} \tag{2.44}$$

令

$$x_{ri} = a_{xi} - r_{11}b_{xi} - r_{12}b_{yi} - r_{13}b_{zi} \tag{2.45}$$

$$y_{ri} = a_{yi} - r_{21}b_{xi} - r_{22}b_{yi} - r_{23}b_{zi} \tag{2.46}$$

$$z_{ri} = a_{zi} - r_{31}b_{xi} - r_{32}b_{yi} - r_{33}b_{zi} \tag{2.47}$$

则式(2.44)可以表示为

$$l_i^2 = (x - x_{ri})^2 + (y - y_{ri})^2 + (z - z_{ri})^2 \quad i = 1,2,\cdots,6 \tag{2.48}$$

由于驱动臂长度变化范围受本身结构限制,各驱动臂长度 $l_1,l_2,\cdots,l_6$ 只能在 $l_{\min}$ 和 $l_{\max}$ 所确定的长度范围内连续变化。因此驱动臂长度的约束方程为

$$l_{\min}^2 \leqslant (x - x_{ri})^2 + (y - y_{ri})^2 + (z - z_{ri})^2 \leqslant l_{\max}^2 \quad i = 1, 2, \cdots, 6 \qquad (2.49)$$

根据式(2.49)得到的驱动臂长度限制所确定的工作空间区域是一个由6个空心球体所确定的空间区域。

2.4.2.2 转动副转角的限制

LIDM 的负载传感环、基座与各驱动臂通过转动副连接,如图2.16所示,转动副的转动范围实际上是有限制的。转动副的转角 θ 是由与转动副固结坐标系的 $z\,(z')$ 轴和驱动臂轴线所在轴线向量来确定的。

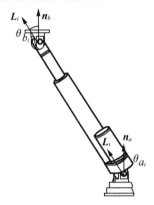

图 2.16 驱动臂结构图

若安装在基座、LSR 上的转动副基座在相应坐标系中的姿态分别用单位向量 $\boldsymbol{n}_a = (0,0,1)^{\mathrm{T}}$、$\boldsymbol{n}_b = (0,0,1)^{\mathrm{T}}$ 表示,则转动副的约束条件为

$$\begin{cases} \theta_{bi} = \arccos \dfrac{\boldsymbol{L}_i (\boldsymbol{R} \boldsymbol{n}_b)}{\|\boldsymbol{L}_i\|_2} \leqslant \theta_{\max} \\[3mm] \theta_{ai} = \arccos \dfrac{\boldsymbol{L}_i \boldsymbol{n}_a}{\|\boldsymbol{L}_i\|_2} \leqslant \theta_{\max} \end{cases} \qquad (2.50)$$

式中,θ_{ai}、θ_{bi} 分别为安装在基座与 LSR 上转动副的转角;$\theta_{\max}$ 为转动副的最大转角;$\boldsymbol{L}_i$ 为第 i 驱动臂轴线所在的空间向量。根据转动副的结构特点可以确定 $\theta_{\max} = 90°$。化简式(2.50)得到转动副的约束方程为

$$\begin{cases} z - z_{ri} \geqslant 0 \\[2mm] 0 \leqslant \dfrac{r_{13}(x - x_{ri}) + r_{23}(y - y_{ri}) + r_{33}(z - z_{ri})}{\left[(x - x_{ri})^2 + (y - y_{ri})^2 + (z - z_{ri})^2 \right]^{1/2}} \leqslant 1 \end{cases} \qquad (2.51)$$

2.4.2.3 LIDM 结构框尺寸的限制

LIDM 的结构框是整个对接机构的支架,非工作状态时,LIDM 的捕获系统收缩于结构框内部;工作状态时,捕获系统伸出结构框,结构框的内径尺寸会对捕获系统的运动范围产生一定的影响。

令 $\boldsymbol{B}_i$ 在 $o-xyz$ 坐标系中的坐标为 $(b_{xi}^a, b_{yi}^a, b_{zi}^a)^{\mathrm{T}}$,即

$$\begin{bmatrix} b_{xi}^a \\ b_{yi}^a \\ b_{zi}^a \end{bmatrix} = \begin{bmatrix} r_{11}b_{xi} + r_{12}b_{yi} + r_{13}b_{zi} + x \\ r_{21}b_{xi} + r_{22}b_{yi} + r_{23}b_{zi} + y \\ r_{31}b_{xi} + r_{32}b_{yi} + r_{33}b_{zi} + z \end{bmatrix} \tag{2.52}$$

第 i 驱动臂轴线所在空间直线参数方程为

$$\begin{cases} x_i = a_{xi} + (b_{xi}^a - a_{xi})t \\ y_i = a_{yi} + (b_{yi}^a - a_{yi})t \quad i = 1, 2, \cdots, 6 \\ z_i = a_{zi} + (b_{zi}^a - a_{zi})t \end{cases} \tag{2.53}$$

式中,t 为参量。令 LIDM 结构框的高度为 h,当 $z_i = h$ 时

$$t_{hi} = (h - a_{zi}) / (b_{zi}^a - a_{zi}) \quad i = 1, 2, \cdots, 6 \tag{2.54}$$

将式(2.54)代入式(2.53)的前两式得到驱动臂轴线所在直线与 LIDM 结构框顶部的交点坐标 $(x_{hi}, y_{hi}, h)^{\mathrm{T}}$。

驱动臂移动范围受结构框内径的限制,与结构框顶面的交点始终处于结构框截面内,即

$$x_{hi}^2 + y_{hi}^2 < R_n^2 \quad i = 1, 2, \cdots, 6 \tag{2.55}$$

式中,R_n 为结构框内径。将 x_{hi}、y_{hi} 代入式(2.55)得

$$\left[a_{xi} + (b_{xi}^2 - a_{xi})t_{hi} \right]^2 + \left[a_{yi} + (b_{yi}^2 - a_{yi})t_{hi} \right]^2 < R_n^2 \quad i = 1, 2, \cdots, 6 \tag{2.56}$$

化简式(2.56)得

$$(x - u_i)^2 + (y - v_i)^2 < (R_n / t_{hi})^2 \tag{2.57}$$

式中

$$u_i = \frac{t_{hi} - 1}{t_{hi}} a_{xi} - r_{11}b_{xi} - r_{12}b_{yi} - r_{13}b_{zi} \tag{2.58}$$

$$v_i = \frac{t_{hi} - 1}{t_{hi}} a_{yi} - r_{21}b_{xi} - r_{22}b_{yi} - r_{23}b_{zi} \tag{2.59}$$

由上述可以看出,结构框在垂直于 z 轴截面内所限制的工作空间由圆心为 $(u_i, v_i, z)^{\mathrm{T}}$、半径为 R_n / t_{hi} 的 6 个圆的交集构成。

综上所述,将 LIDM 的结构参数及 LSR 的姿态角代入式(2.49)、式(2.51)和式(2.57)即可求得相应姿态角下的工作空间。

2.4.2.4 垂直于 z 轴工作空间的截面面积

为了更准确地描述 LIDM 捕获系统工作空间的范围,这里引入垂直于 z 轴工作空间的截面面积 A。通过本节的分析,可以得到每个 z 值对应截面的精确包络边界,因此截面面积公式可表示为

$$A = \frac{1}{2} \int_s |\boldsymbol{pv}| \mathrm{d}s \tag{2.60}$$

式中, p——截面边界上任意点的位置向量;

v—— p 点边界曲线的单位法向量;

s——边界曲线的弧长。

2.4.3 LIDM 捕获系统工作空间的计算

在 LIDM 的设计中,工作空间是一个重要指标,其很大程度上决定着 LIDM 的捕获范围,是保证对接成功的重要因素。为了更加简单、直观地了解 LIDM 工作空间的特点,本节根据式(2.49)、式(2.51)和式(2.57)进行编程计算,并重点讨论结构框内径对工作空间形状和范围的影响。

2.4.3.1 LIDM 固定姿态角的工作空间

LIDM 各转动副节点坐标如表 2.6 所示,结构框的高度 $h = 47.34$ cm,LSR 外径 $r = 76$ cm,驱动臂的极限长度 $l_{max} = 100$ cm, $l_{min} = 58.5$ cm。

表 2.6 LIDM 各转动副节点坐标

驱动臂 i	1	2	3	4	5	6
x_{ai}	59.286 8	66.286 8	7.000 0	−7.000 0	−66.286 8	−59.286 8
y_{ai}	42.312 2	30.187 8	−72.300 0	−72.300 0	30.187 8	42.312 2
z_{ai}	7.500 0	7.500 0	7.500 0	7.500 0	7.500 0	7.500 0
x_{bi}	7.000 0	60.224 7	53.224 7	−53.224 7	−60.224 7	−7.000 0
y_{bi}	65.500 0	−26.687 8	−38.812 2	−38.812 2	−26.687 8	65.500 0
z_{bi}	−15.500 0	−15.500 0	−15.500 0	−15.500 0	−15.500 0	−15.500 0

姿态角 α、β 和 γ 均取 0°,分别对结构框内径 $R_n = 80$ cm、$R_n = 90$ cm 与 $R_n = 100$ cm 的情况进行工作空间计算,计算结果如图 2.17 ~ 图 2.19 所示。图 2.17 ~ 图 2.19 表示 LSR 中心点在 3 种不同结构框内径情况下所有可能位置的集合。由图可以看出,LSR 的最高点和最低点运动范围是 42.5 ~ 104.5 cm;对比各图可以看出,结构框内径对 LIDM 工作空间有很大的影响,图 2.17 和图 2.18 中都因结构框尺寸的限制,工作空间被削去了一部分。另外根据图 2.19 可知,当 LIDM 结构框内径放大到一定程度后,将不再对工作空间的范围产生影响。

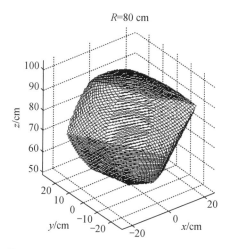

图 2.17 $R_n = 80$ cm 时 LIDM 的工作空间

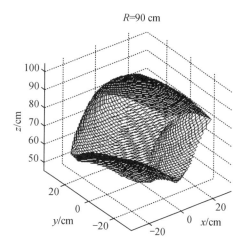

图 2.18 $R_n = 90$ cm 时 LIDM 的工作空间

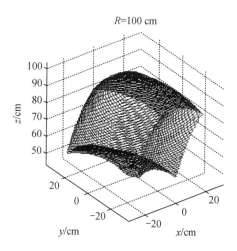

图 2.19 $R_n = 100$ cm 时 LIDM 的工作空间

　　LIDM 捕获系统的工作空间是一个陀螺形空间区域,其边缘曲面就是 LIDM 捕获系统的运动极限边界。为了进一步研究工作空间的特点,适当选取一系列与基座表面平行的工作空间剖面,剖面区域的边界曲线能够围成一条或几条首尾闭合的曲线。当剖面 z 平行于 xy 平面,并且由工作空间最低点 z_{min} 移动到最高点 z_{max},就可以描绘出一个完整的工作空间边界。

　　部分工作空间的剖面图如图 2.20 ~ 图 2.22 所示。根据图 2.20 ~ 图 2.22 所示,可以发现工作空间截面都是对称的,图 2.20 受结构框内径影响最大。图 2.22 不受结构框内径的限制,影响其工作空间的主要因素是驱动臂的长度范围和转动副转角范围。从图中还可以发现,当结构框内径接近 LSR 外径时,结构框对工作空间的影响最大。从截面图可以看出,当 $R_n = 80$ cm 时,结构框内径对工作空间的限制范围从工作空间最底端直到 $z=80$ cm 左右。通过图 2.21 和图 2.22 可以发现，随着结构框内径 R_n 的增大，结构框对工作空间的影响逐渐集中到工作空间的边缘区域，而剖面范围较小的底部空间不再受结构框内径的影响。

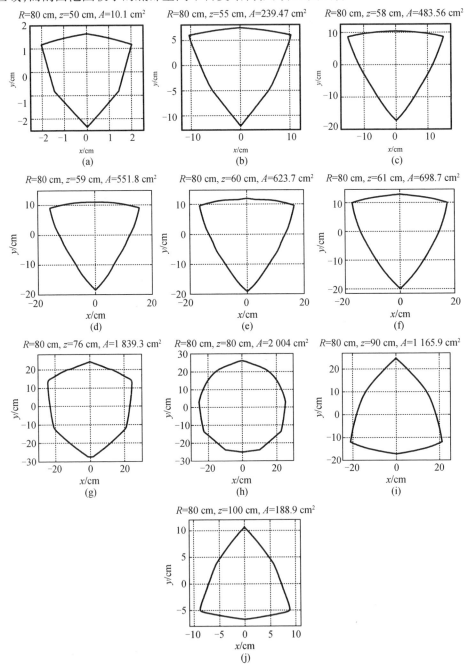

图 2.20 $R_n=80$ cm 时工作空间剖面图

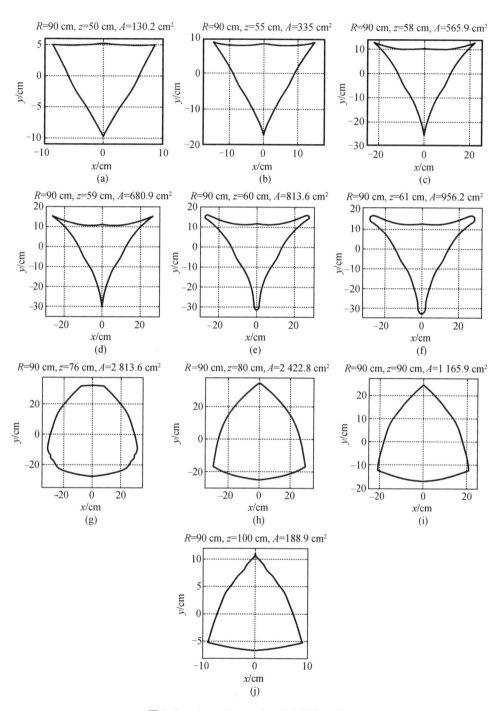

图 2.21　$R_n = 90$ cm 时工作空间剖面图

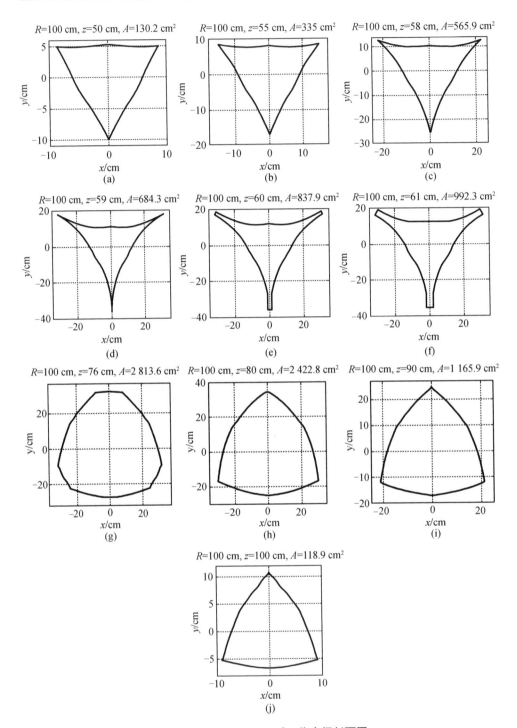

图 2.22 $R_n = 100$ cm 时工作空间剖面图

为了更详细地阐述各截面的特点引入截面的面积 A,并对不同结构框内径 R_n 的各工作空间截面面积进行计算,工作空间各截面面积如图 2.23 所示。

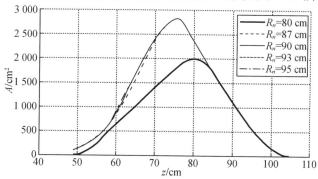

图 2.23 工作空间各截面面积

当 $R_n \geqslant 95$ cm 时,结构框内径对 LIDM 工作空间的范围不再产生影响。当结构框内径 $R_n = 80$ cm,横截面位于 $z = 80$ cm 时,LIDM 在 xoy 平面内的运动范围最大,此时影响工作空间的主要因素是结构框内径。当 $R_n = 90$ cm、$R_n = 93$ cm 和 $R_n = 95$ cm,横截面位于 $z = 76$ cm 时,LIDM 在 xoy 平面内的运动范围最大且面积相同。因此选取 $z = 76$ cm 为 LIDM 对接过程的工作面能够提供 LIDM 对接过程中最大限度可移动空间。通过表 2.2 可知,LIDM 的对接初始横向偏差为 ±13 cm,因此,当 $R_n \geqslant 80$ cm 时,工作空间最大横截面都能满足对接初始条件的要求。当结构框内径 R_n 接近 LSR 外径尺寸时,最大横截面位置会随 R_n 的增大而变化;当最大截面位置下降到 $z = 76$ cm 时,最大截面位置不再随 R_n 的增大而变化。

另外,由图 2.20 ~ 图 2.23 可以发现,$z = 59$ cm 处的剖面对因结构框内径不同给工作空间带来的影响最为灵敏。

下面就 $z = 59$ cm 处不同 R_n 下的截面面积进行计算分析,计算结果如图 2.24 所示。由图 2.24 可以发现,当 $R_n \geqslant 95$ cm 时,结构框内径将不再对工作空间产生影响;当 $R_n \leqslant 95$ cm 时,随着结构框内径的增大对工作空间区域的影响逐渐减小。因此,根据结构框对工作空间的影响,可以对 LIDM 结构尺寸的设计有一定的指导和优化作用,在满足对接初始条件的前提下,减小机构的尺寸和质量。

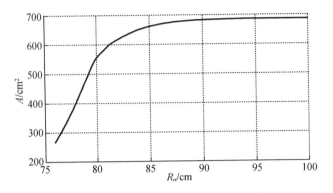

图 2.24　$z = 59$ cm 处工作空间截面面积曲线

2.4.3.2　LIDM 捕获系统不同姿态角的工作空间

以上研究了姿态角均为 0° 时 LIDM 捕获系统的工作空间,为了更全面地分析工作空间的特性,本节将研究捕获系统姿态角 $\alpha = 5°$、$\beta = \gamma = 0°$,$\alpha = \beta = 5°$、$\gamma = 0°$,$\alpha = \beta = \gamma = 5°$ 三种极限角度工况下的工作空间。仿真结果如图 2.25 ~ 图 2.31 所示。

图 2.25 ~ 图 2.30 是 LSR 处于三种极限姿态角下工作空间及空间俯视图。当姿态角不为零时,工作空间所围成的曲面区域呈不规则形态,并随着 LSR 姿态角的变化而变化。另外从 LIDM 的工作空间及其俯视图可以看出,当 $R_n = 80$ cm 和 $R_n = 90$ cm 时,结构框内径会对工作空间的范围产生影响,并随着结构框内径的增大而逐渐减小。

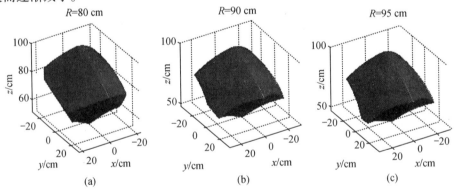

图 2.25　$\alpha = 5°$、$\beta = \gamma = 0°$ 时 LIDM 的工作空间

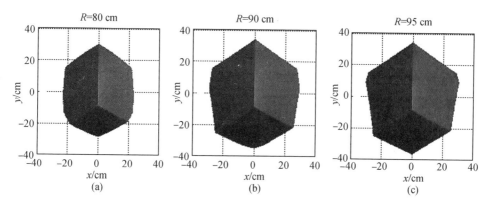

图 2.26　$\alpha = 5°$、$\beta = \gamma = 0°$ 时 LIDM 的工作空间俯视图

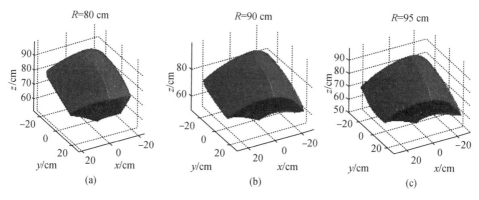

图 2.27　$\alpha = \beta = 5°$、$\gamma = 0°$ 时 LIDM 的工作空间

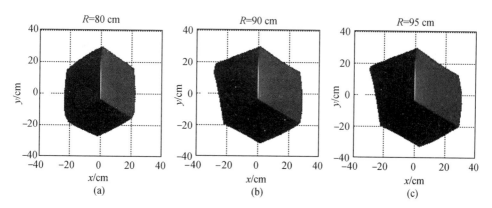

图 2.28　$\alpha = \beta = 5°$、$\gamma = 0°$ 时 LIDM 的工作空间俯视图

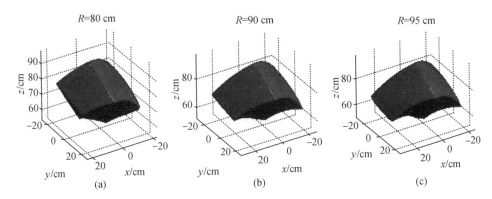

图 2.29 $\alpha = \beta = \gamma = 5°$ 时 LIDM 的工作空间

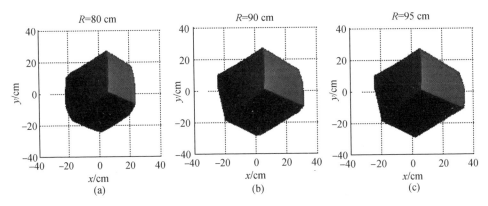

图 2.30 $\alpha = \beta = \gamma = 5°$ 时 LIDM 的工作空间俯视图

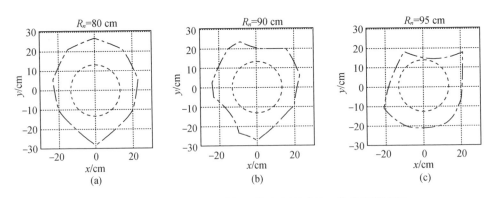

图 2.31 $z = 76$ cm 处三种极限姿态角围成的工作空间截面图

（a）$\alpha = 5°$、$\beta = \gamma = 0°$；（b）$\alpha = \beta = 5°$、$\gamma = 5°$；（c）$\alpha = \beta = \gamma = 5°$

图 2.31 是 $z = 76$ cm 处不同姿态角下围成的截面，其截面区域形状差别很大，呈无规律性。图中虚线围成的圆形代表对接初始条件所需要的横向偏差，所以通

过截面图可以得出,当 $R_n \geqslant 80$ cm,LSR 工作截面位于 $z = 76$ cm 时,能够满足对接所需的横向容差。

2.5 LIDM 捕获系统的力学性能分析

LIDM 从首次接触到成功捕获这一阶段的运动最为复杂[114],这一阶段对对接能否顺利完成起着至关重要的作用。由于导航系统、动力控制系统或多或少都存在误差,两空间飞行器发生接触时经常会产生一定程度的碰撞力,捕获系统将承受整个过程的作用力,所以通过研究捕获系统的传力性能来研究捕获系统承载能力是确保对接成功的又一关键。捕获系统的传力分析不仅能够表明机构的传力特点,还将为研究各机构部件对 LIDM 捕获系统承载能力的影响提供理论基础,对 LIDM 的设计与优化具有一定的工程意义。

2.5.1 LIDM 捕获系统的力雅可比矩阵

如图 2.15 所示,建立 LIDM 捕获系统的动静坐标系。静坐标系 $o - xyz$ 固定在基座上,其中各驱动臂顶点 A_i 的坐标为 $(a_{xi}, a_{yi}, 0)^T$;动坐标系 $o' - x'y'z'$ 固定在LSR 上,其中各驱动臂顶点 B_i 的坐标为 $(b_{xi}, b_{yi}, 0)^T$;坐标系旋转矩阵为 R;动坐标系原点 o' 在坐标系 $o - xyz$ 中的坐标为 P,P 是关于 x、y 和 z 的 3 个变量的向量。对接机构中各驱动臂的长度 l_i 满足式(2.42),即

$$l_i = \left[(RB_i + P - A_i)^T (RB_i + P - A_i) \right]^{1/2} \quad i = 1, 2, \cdots, 6$$

雅可比矩阵是多元形式的导数[115],驱动臂长度的函数如式(2.42)所示,其中每个函数都包含 x、y、z、α、β 和 γ 共 6 个独立变量,因此 LIDM 捕获系统的雅可比矩阵 J 可以表示为

$$J = \frac{\partial l}{\partial X} = \begin{bmatrix} \dfrac{\partial l_1}{\partial x} & \dfrac{\partial l_1}{\partial y} & \dfrac{\partial l_1}{\partial z} & \dfrac{\partial l_1}{\partial \alpha} & \dfrac{\partial l_1}{\partial \beta} & \dfrac{\partial l_1}{\partial \gamma} \\ \vdots & \vdots & \vdots & \vdots & \vdots & \vdots \\ \dfrac{\partial l_6}{\partial x} & \dfrac{\partial l_6}{\partial y} & \dfrac{\partial l_6}{\partial z} & \dfrac{\partial l_6}{\partial \alpha} & \dfrac{\partial l_6}{\partial \beta} & \dfrac{\partial l_6}{\partial \gamma} \end{bmatrix} \tag{2.61}$$

式中,$l = \begin{bmatrix} l_1 & l_2 & \cdots & l_6 \end{bmatrix}^T$,$X = \begin{bmatrix} x & y & z & \alpha & \beta & \gamma \end{bmatrix}^T$,因此驱动臂与 LSR 之间的运动速度关系为

$$\dot{l} = J\dot{X} \tag{2.62}$$

根据虚功原理,力雅可比矩阵与运动学雅可比矩阵的转置相等,即

$$J_F = J^T \tag{2.63}$$

因此可以得到

$$F = J^T f \tag{2.64}$$

式中,F 为 LSR 中心点处所承载力和力矩矢量在欧拉坐标系中的表示;$f = [f_1 \quad f_2 \quad f_3 \quad f_4 \quad f_5 \quad f_6]^T$ 为 6 个驱动臂的力矢量,为了更好地表示 LSR 的载荷承受能力,假设 $\|f\| \leqslant 1$。

因为 F 是 LSR 中心点处所承载力和力矩矢量在欧拉坐标系中的表示,因此有必要引入一个变换矩阵 R_Q,将 F 以固定坐标系中的参数来描述,可以得到

$$F_Q = R_Q F \tag{2.65}$$

式中,F_Q 为 F 在固定坐标系中的表示,且 $F_Q = [f_x \quad f_y \quad f_z \quad m_x \quad m_y \quad m_z]^T$;$R_Q$ 表示如下

$$R_Q = \begin{bmatrix} 1 & 0 & 0 & 0 & 0 & 0 \\ 0 & 1 & 0 & 0 & 0 & 0 \\ 0 & 0 & 1 & 0 & 0 & 0 \\ 0 & 0 & 0 & 1 & 0 & S\beta \\ 0 & 0 & 0 & C\alpha & -S\alpha C\beta \\ 0 & 0 & 0 & S\alpha & C\alpha C\beta \end{bmatrix} \tag{2.66}$$

式中,C、S 分别为余弦函数 $\cos(\ )$ 与正弦函数 $\sin(\ )$ 的缩写;α 和 β 为 LSR 姿态角的欧拉转角。

因此,可以得到固定坐标系下驱动臂驱动力与 LSR 中心点承载力和力矩之间的关系

$$F_Q = J_Q f \tag{2.67}$$

式中,J_Q 为力雅可比矩阵,可以表示为

$$J_Q = R_Q J^T \tag{2.68}$$

式(2.67)表明了驱动臂与 LSR 中点之间的力学关系。由于力和力矩具有不同的量纲,同时处理力和力矩的传递关系过程非常复杂,所以将力雅可比矩阵分解为两个分别与力和力矩传递相关的子矩阵 J_f 和 J_m,如式(2.69)所示:

$$\begin{bmatrix} f_o \\ m_o \end{bmatrix} = \begin{bmatrix} J_f \\ J_m \end{bmatrix} f \tag{2.69}$$

式中,$F_Q = [f_o \quad m_o]^T$,当 J_Q 非奇异时满足

$$J_Q J_Q^{-1} = I \tag{2.70}$$

将式(2.70)展开如式(2.71)所示:

$$\begin{bmatrix} J_f \\ J_m \end{bmatrix} [J_Q^{-1}(0:,1:3) \quad J_Q^{-1}(0:,4:6)] = \begin{bmatrix} I_{3\times3} & 0 \\ 0 & I_{3\times3} \end{bmatrix} \tag{2.71}$$

式中,$J_Q^{-1}(0:,1:3)$ 与 $J_Q^{-1}(0:,4:6)$ 分别为 J_Q^{-1} 前三列和后三列。令 $Y = J_Q^{-1}(0:,1:3)$,$Z = J_Q^{-1}(0:,4:6)$,代入式(2.71)得

$$\begin{cases} J_m Y = 0 \\ J_f Z = 0 \end{cases} \tag{2.72}$$

2.5.2　力和力矩的传递特性

参考空间对接任务的初始对接条件,需要对力和力矩的传递特性进行分析,来评估 LIDM 是否能够完成对接初始条件范围内的对接任务。在这一部分,假设对接机构只进行力或力矩传递,并分析捕获系统力或力矩的承载能力。

当 LIDM 的捕获系统只进行力传递时,力矩为 0,即

$$\boldsymbol{m}_o = \boldsymbol{J}_m \boldsymbol{f} = 0 \tag{2.73}$$

由式(2.72)和式(2.73),可以得到

$$\boldsymbol{f} = \boldsymbol{YX} \tag{2.74}$$

式中,$\boldsymbol{X} \in \boldsymbol{R}^{3 \times 1}$,因此

$$\|\boldsymbol{f}\|^2 = \boldsymbol{X}^{\mathrm{T}} \boldsymbol{Y}^{\mathrm{T}} \boldsymbol{YX} \leqslant 1 \tag{2.75}$$

由于 $\boldsymbol{Y}^{\mathrm{T}} \boldsymbol{Y}$ 是对称矩阵,所以存在矩阵 $\boldsymbol{p}$ 满足

$$\boldsymbol{Y}^{\mathrm{T}} \boldsymbol{Y} = \boldsymbol{p} \boldsymbol{D} \boldsymbol{p}^{\mathrm{T}} \tag{2.76}$$

式中,$\boldsymbol{D}$ 为 $\boldsymbol{Y}^{\mathrm{T}} \boldsymbol{Y}$ 特征值组成的对角矩阵,表示为

$$\boldsymbol{D} = \begin{bmatrix} \lambda_1 & 0 & 0 \\ 0 & \lambda_2 & 0 \\ 0 & 0 & \lambda_3 \end{bmatrix}$$

$\boldsymbol{p}$ 为 $\boldsymbol{Y}^{\mathrm{T}} \boldsymbol{Y}$ 特征值 $\boldsymbol{D}$ 对应的单位特征向量矩阵。假设存在 $\boldsymbol{X}_z \in \boldsymbol{R}^{3 \times 1}$ 使得式(2.77)成立

$$\boldsymbol{X} = \boldsymbol{p} \boldsymbol{D}_P \boldsymbol{X}_z \tag{2.77}$$

式中

$$\boldsymbol{D}_P = \begin{bmatrix} \dfrac{1}{\sqrt{\lambda_1}} & 0 & 0 \\ 0 & \dfrac{1}{\sqrt{\lambda_2}} & 0 \\ 0 & 0 & \dfrac{1}{\sqrt{\lambda_3}} \end{bmatrix}$$

将式(2.76)和式(2.77)代入式(2.75)得

$$\|\boldsymbol{X}_z\| \leqslant 1 \tag{2.78}$$

由式(2.69)、式(2.74)和式(2.77)得

$$\boldsymbol{f}_o = \boldsymbol{J}_f \boldsymbol{Y} \boldsymbol{p} \boldsymbol{D}_P \boldsymbol{X}_z \tag{2.79}$$

通过式(2.78)和(2.79)可推导出 LSR 处于不同位置姿态时的力承载范围,约束方程如式(2.80)所示:

$$\boldsymbol{f}_o^{\mathrm{T}} \boldsymbol{K} \boldsymbol{f}_o \leqslant 1 \tag{2.80}$$

式中，$\boldsymbol{K} = (\boldsymbol{J}_f \boldsymbol{Y}^T \boldsymbol{p} \boldsymbol{D}_p \boldsymbol{D}_p^T \boldsymbol{p}^T \boldsymbol{Y}^T \boldsymbol{J}_f^T)^{-1}$ 为 3 阶实对称矩阵。令 d_1、d_2 和 d_3 是 $\boldsymbol{K}$ 特征向量 $\boldsymbol{U}_f$ 对应的特征值，且 $d_1 \geqslant d_2 \geqslant d_3$，化简式(2.80)得

$$\begin{bmatrix} f_x & f_y & f_z \end{bmatrix} \boldsymbol{U}_f \begin{bmatrix} d_1 & & \\ & d_2 & \\ & & d_3 \end{bmatrix} \boldsymbol{U}_f^T \begin{bmatrix} f_x & f_y & f_z \end{bmatrix}^T \leqslant 1 \qquad (2.81)$$

式(2.81)即为 LSR 处于不同位置姿态时力承载范围的约束方程。

同理，可得到 LIDM 捕获系统承载力矩范围的约束方程

$$\begin{bmatrix} m_x & m_y & m_z \end{bmatrix} \boldsymbol{U}_m \begin{bmatrix} \gamma_1 & & \\ & \gamma_2 & \\ & & \gamma_3 \end{bmatrix} \boldsymbol{U}_m^T \begin{bmatrix} m_x & m_y & m_z \end{bmatrix}^T \leqslant 1 \qquad (2.82)$$

引入椭球的数学表达式，如式(2.83)所示：

$$\begin{bmatrix} x & y & z \end{bmatrix} \begin{bmatrix} 1/a^2 & & \\ & 1/b^2 & \\ & & 1/c^2 \end{bmatrix} \begin{bmatrix} x & y & z \end{bmatrix}^T \leqslant 1 \qquad (2.83)$$

式(2.81)、式(2.82)分别与式(2.83)对比，当驱动臂受力 $\|\boldsymbol{f}\| \leqslant 1$ 时，LSR 中心点不同位置姿态下所能承载的力(力矩)范围构成一个椭球体，轴 f_x、f_y 和 f_z（m_x、m_y 和 m_z）分别对应的半轴长为 $d_1^{-1/2}$、$d_2^{-1/2}$ 和 $d_3^{-1/2}$（$\gamma_1^{-1/2}$、$\gamma_2^{-1/2}$ 和 $\gamma_3^{-1/2}$），$\boldsymbol{U}_f^T$（$\boldsymbol{U}_m^T$）是坐标旋转矩阵，椭球各轴线方向分别与 $\boldsymbol{J}_f \boldsymbol{J}_f^T$（$\boldsymbol{J}_m \boldsymbol{J}_m^T$）特征向量的方向重合。

随着 LIDM 的 LSR 位置、姿态的变化，LSR 能够承载的力和力矩椭球也会随之改变。椭球越接近球，各方向的力学特性越接近，力/力矩各方向的承载能力差异越小；椭球的体积越大表示对接机构的综合承载能力越好；椭球最长轴越长表示最长轴所在方向能够承载的力或力矩越大。为了进一步描述各位置、姿态的力学性能，引入力和力矩椭球的圆度 w_f 和 w_m，表达式如下：

$$\begin{cases} w_f = (d_1/d_3)^{-1/2} \\ w_m = (\gamma_1/\gamma_3)^{-1/2} \end{cases} \qquad (2.84)$$

当 $\boldsymbol{J}_f$（或 $\boldsymbol{J}_m$）的秩小于 3 时，即 $\boldsymbol{J}_f$（或 $\boldsymbol{J}_m$）为奇异矩阵，LIDM 捕获系统的机构力(或力矩)奇异，驱动臂施加力(或力矩)无法平衡 LSR 所受的外力(力矩)。

2.5.3 捕获系统力学特性的仿真计算

本节分别对以下两种情况进行计算：(1)保持姿态角 $(\alpha, \beta, \gamma) = (0, 0, 0)$，LSR 坐标原点沿 z 轴移动，位置由 $(0, 0, 0.425)$ 移动到 $(0, 0, 1.045)$；(2)保持姿态角 $(\alpha, \beta, \gamma) = (0, 0, 0)$，LSR 原点沿 x 轴移动，位置由 $(-0.13, 0, 0.76)$ 移动到 $(0.13, 0, 0.76)$。计算结果如图 2.32 ~ 图 2.41 所示。

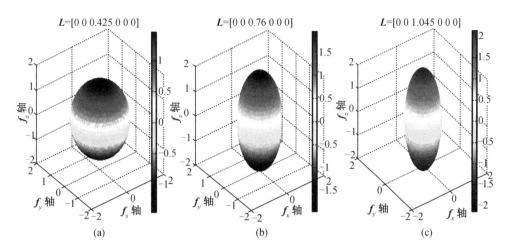

图 2.32 沿 z 轴不同位置处的力椭球

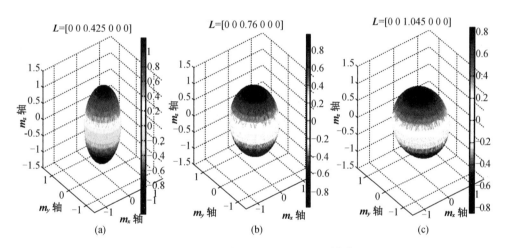

图 2.33 沿 z 轴不同位置处的力矩椭球

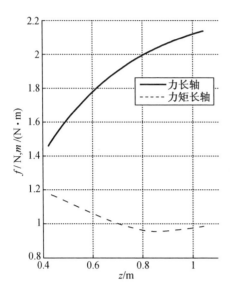

图2.34 力和力矩椭球最长轴沿 z 轴变化曲线

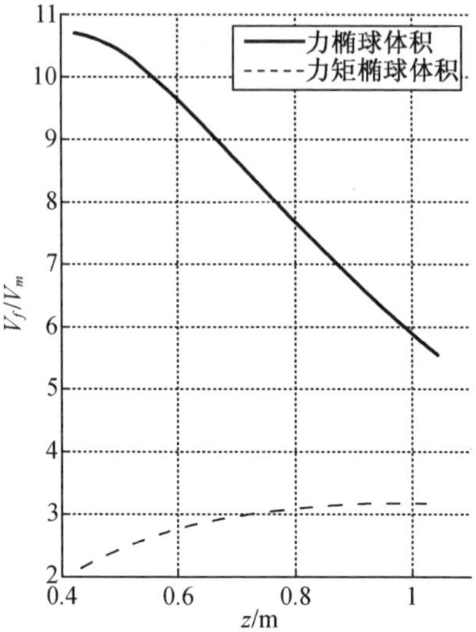

图2.35 力和力矩椭球体积沿 z 轴变化曲线

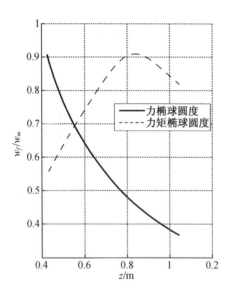

图2.36 力和力矩椭球圆度沿 z 轴变化曲线

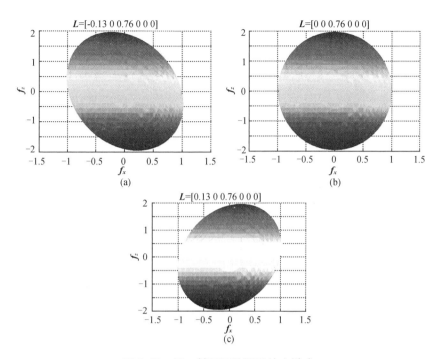

图 2.37 沿 x 轴不同位置处的力椭球

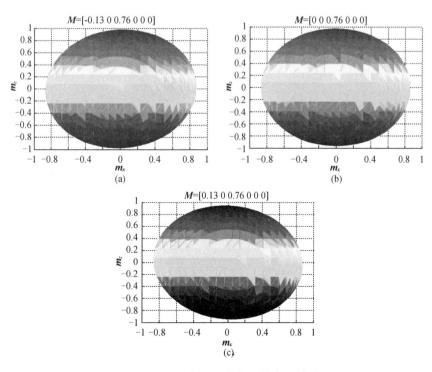

图 2.38 沿 x 轴不同位置处的力矩椭球

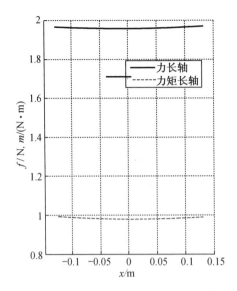

图 2.39　力和力矩椭球最长轴沿 x 轴变化曲线

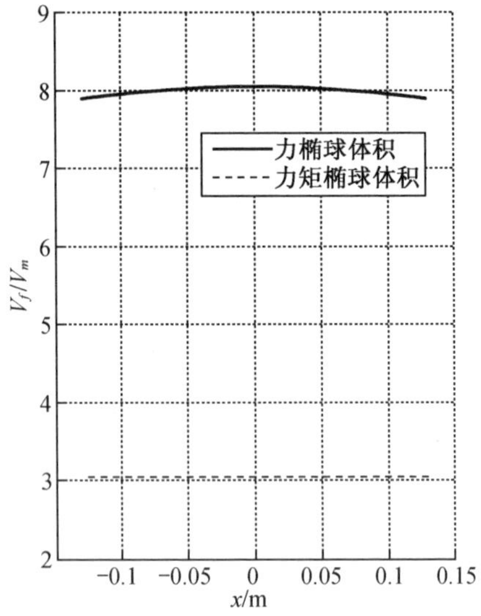

图 2.40　力和力矩椭球体积沿 x 轴变化曲线

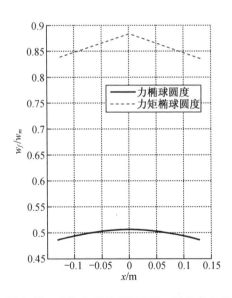

图 2.41　力和力矩椭球圆度沿 x 轴变化曲线

　　图 2.32 和图 2.33 是沿 z 轴移动时 3 个位置点的力和力矩椭球,能够直观给出不同位置姿态的力和力矩承载范围。可以看出,力和力矩椭球体的最长轴都垂直于 xoy 截面;随着 z 的增大,力椭球逐渐变得细长,而力矩椭球则呈压扁趋势。

　　图 2.34～图 2.36 分别为力和力矩椭球最长轴、体积沿 z 轴变化曲线及圆度曲线。根据图 2.34 可以发现,力椭球的最长轴随着 z 的增大而增大,而力矩最长轴随着 z 的增大先减小后增加,代表着 LIDM 捕获系统单轴最大承载能力随着 z 的增大而增强,力矩单轴最大承载能力先减弱后增强。图 2.35 为力和力矩椭球体积变化曲线,随着 z 的增大,力的综合承载能力不断减弱,而力矩的综合承载能力却在不断增强。图 2.36 为力和力矩椭球的圆度曲线,圆度是力与力矩最大值与最小值之间的差异,代表着各方向上力和力矩承载能力的差异,随着 z 的增大力椭球圆度逐渐减小,LSR 在各方向上的最大承载能力差异逐渐增大,力矩圆度随着 z 的变化先增大后减小,各方向上的力矩差异不如力椭球明显。

　　图 2.37 和图 2.38 是 LSR 在 $z = 0.76$ m 截面内沿 x 轴移动的力和力矩椭球侧向投影图。由图可以看出,LSR 中心点位于 $(0,0,0.76)$ 处时,力和力矩椭球最长轴都是垂直于 xoy 平面,LIDM 沿 z 轴方向有较大的力和力矩承载能力,当 $x \neq 0$ 时,力和力矩椭球的最长轴不再垂直于 xoy 面,力长轴的偏移方向与 LSR 位置的移动方向一致,而力矩椭球长轴的偏移方向与 LSR 的移动方向相反。

　　由图 2.39～图 2.41 所示,随着 LSR 沿 x 轴移动远离中心点位置椭球逐渐倾斜,力和力矩椭球的体积逐渐减小,力椭球的最长轴逐渐变长,力矩椭球最长轴基本不变,力和力矩椭球的圆度逐渐减小。这种变化说明不同位置处的最大承载力和力矩方向不同,由中心点向四周运动会导致综合承载能力逐渐降低,最大承载力方向的承载能力有所增大,而最大承载力矩方向的承载能力基本不变,另外两短轴的承载能力逐渐降低。

第3章 LIDM 的捕获动力学

3.1 概　　述

　　两飞行器的空间对接,其核心还是对接机构本身,对接过程是一个复杂的多体动力学问题。不同类型的对接机构对接动力学过程有很大的不同。常见的对接机构为刚性接触式的对接机构,除此之外,还有电磁对接机构和柔性捕获机构(绳系、捕获网、充气结构等)。LIDM 捕获过程中产生的最大碰撞力不高于 500 N,因此其对接动力学过程完全不同于常见的刚性接触式对接机构。采用 LIDM 的两空间飞行器之间的碰撞力远远小于飞行器自身的质量,因此本书将捕获过程中目标航天器及其捕获过程中产生的碰撞力简化为施加于追踪航天器 LSR 质心的时变外载荷,从而简化 LIDM 捕获过程动力学的建模过程。

　　在研究 LIDM 的过程中,建立其捕获系统动力学模型的意义在于:控制系统算法中机构的数学模型可以直接从动力学分析的结果中获得;为 LIDM 结构机构的最优设计提供理论支持和数学模型,改善对接机构的动力学特性;为 LIDM 捕获过程的仿真计算提供算法和数字模型。这对于 LIDM 动态性能的研究和改进有直接意义。LIDM 动力学特性、对接过程的动态研究和控制系统及其参数设计都是以动力学理论为基础的。

　　在 LIDM 的原理样机研制完成之前,为了预先研究其捕获动力学行为,最有效的办法就是建立 LIDM 捕获系统动力学模型进行仿真研究。另外研究 LIDM 的动力学问题还可以改善对接机构的工作能力,尤其是动态刚度与精度。所以 LIDM 能否在空间任务中得到很好的应用,最终还是取决于对其动力学问题的研究程度。在对接领域中,通过系统地建立 LIDM 动力学模型和分析方法能够全面了解其动力学特性,从而设计出具有更多良好的动力学品质的对接机构。

　　目前,虽然已有不少与对接机构动力学建模相关的文献,但基本上都是针对刚性接触式对接机构,而关于 LIDM 动力学建模的文献很少。由于 LIDM 捕获系统本身就是一个 6 - DOF 系统,其结构与并联机构极其相似,因此可以借鉴并联机构的动力学建模方法。由于并联机构的研究应用已经基本成熟,与其动力学建模相关的文献也非常多,其中大部分是在关节空间建立的动力学模型。在关节空间进行动力学仿真不仅会增加计算的复杂程度,也可能会降低乃至丧失精度。另外在关节空间中建立模型会引出并联机构的位置正解问题,并联机构的位置正解一般都具有多解,通过调节也不一定得到末端在空间中的期望位置、姿态。所以研究 LIDM 的控制策略时加入这些因素,将对对接机构的控制方法产生显著的影响。在动力学建模中还要注意机构的可操控性,当力雅可比矩阵处于非常态时,极易影响到 LIDM 的可操控性。本章采用笛卡尔任务空间中 LSR 随体坐标系原点的速度、角速度作为伪速度,运用凯恩动力学建模方法,建立了高效的 LIDM 动力学模型。该方法中变量数目少、方程规范,便于计算。以此动力学模型为基础,可以对 LIDM 的结构与控制模型进行优化。

3.2　建模基本假设

(1)主、被动空间飞行器和 LIDM 的捕获系统均为刚体,不考虑附件的挠性及液体晃动产生的影响;

(2)由于对接过程中接触力小,不考虑对接机构接触元件的微小变形;

(3)假设主动飞行器静止,由目标飞行器逆向主动靠近主动飞行器;

(4)不考虑对接机构自身零部件间的摩擦;

(5)两航天器接触碰撞力等效为时变外部载荷,无碰撞;

(6)不考虑驱动臂伸缩杆绕自身轴线的转动。

3.3　凯恩方法建立动力学模型

3.3.1　LIDM 的坐标与位置、姿态表示

LIDM 和驱动臂如图 3.1 和图 3.2 所示,6 根驱动臂分别连接 LSR 节点 A_i 和基座节点 B_i,$\boldsymbol{R}$ 和 $\boldsymbol{P}$ 分别表示坐标旋转矩阵与 LSR 原点在基坐标系中的位置矢量。第 i 个驱动臂的矢量方程可以表示为

$$l_i \boldsymbol{e}_i = \boldsymbol{P} + \boldsymbol{R} \boldsymbol{a}_i - \boldsymbol{b}_i \quad i = 1, 2, \cdots, 6 \tag{3.1}$$

式中,$\boldsymbol{a}_i$,$\boldsymbol{b}_i$ 分别为驱动臂上、下节点在 LSR 随体坐标系与基坐标系中的位置矢量;l_i 为第 i 驱动臂的总长度,表示 LSR 和基座对应节点间的距离;$\boldsymbol{e}_i$ 为驱动臂 i 从基座节点指向相应 LSR 节点所在轴线的单位矢量。

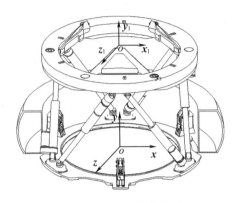

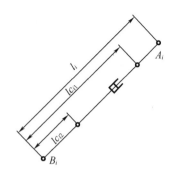

图 3.1　LIDM 的结构图　　　　　　图 3.2　驱动臂结构简图

3.3.2　速度与角速度

LSR 上节点 A_i 的运动速度可以看作驱动臂 i 上端点的速度,也可以看作 LSR 上一个节点的速度。设驱动臂 i 的运动输入为 l_i,即该驱动臂分支两顶点间的距离,用 $\dot{l}_i$ 表示第 i 驱动臂输入 l_i 的时间导数,代表第 i 驱动臂的伸缩速度,$\dot{l}_i$ 为一个标量。第 i 驱动臂的角速度矢量由 $\boldsymbol{\omega}_i$ 表示,得到

$$l_i\boldsymbol{\omega}_i \times \boldsymbol{e}_i + \dot{l}_i\boldsymbol{e}_i = \boldsymbol{V} + \boldsymbol{\omega} \times \boldsymbol{Ra}_i \tag{3.2}$$

因为 $\boldsymbol{e}_i \cdot (l_i\boldsymbol{\omega}_i \times \boldsymbol{e}_i) = 0$,且 $\boldsymbol{e}_i \cdot \boldsymbol{e}_i = 1$,所以式(3.2)两边同时点乘矢量 $\boldsymbol{e}_i$,可得

$$\dot{l}_i = \boldsymbol{e}_i \cdot (\boldsymbol{V} + \boldsymbol{\omega} \times \boldsymbol{Ra}_i) \tag{3.3}$$

式中,$\boldsymbol{V}$ 为 LSR 位置矢量 $\boldsymbol{P}$ 的时间导数,即 LSR 在基坐标系中的速度矢量,且 $\boldsymbol{V} = [V_x, V_y, V_z]^T$;$\boldsymbol{\omega}$ 为 LSR 的角速度矢量,且 $\boldsymbol{\omega} = [\omega_x, \omega_y, \omega_z]^T$。

建模假设中已假设 LIDM 各个分支驱动臂不能绕自身轴线转动,所以存在关系

$$\boldsymbol{e}_i \cdot \boldsymbol{\omega}_i = 0 \tag{3.4}$$

将方程(3.2)等号两边左叉乘 $\boldsymbol{e}_i$,得

$$l_i\boldsymbol{\omega}_i(\boldsymbol{e}_i \times \boldsymbol{e}_i) + \dot{l}_i(\boldsymbol{e}_i \times \boldsymbol{e}_i) = \boldsymbol{e}_i \times \boldsymbol{V} + \boldsymbol{e}_i \times (\boldsymbol{\omega} \times \boldsymbol{Ra}_i) \tag{3.5}$$

将式(3.4)代入式(3.5),并根据矢量乘法的运算法则可得出 LIDM 驱动臂分支的角速度 $\boldsymbol{\omega}_i$ 的表达式为

$$\boldsymbol{\omega}_i = [\boldsymbol{e}_i \times \boldsymbol{V} + \boldsymbol{e}_i \times (\boldsymbol{\omega} \times \boldsymbol{Ra}_i)]/l_i \tag{3.6}$$

所以每个驱动臂上、下杆的质心运动速度 $\boldsymbol{Vg}_{i1}$ 和 $\boldsymbol{Vg}_{i2}$ 分别可以表示为

$$\boldsymbol{Vg}_{i1} = lc_{i1}\boldsymbol{\omega}_i \times \boldsymbol{e}_i + \dot{l}_i\boldsymbol{e}_i \tag{3.7}$$

$$\boldsymbol{Vg}_{i2} = lc_{i2}\boldsymbol{\omega}_i \times \boldsymbol{e}_i \tag{3.8}$$

式中,lc_{i1} 和 lc_{i2} 分别为驱动臂上、下杆质心距基座上 i 节点的距离。

LSR 质心的运动速度为

$$Vg_m = V + \omega \times Rr_0 \tag{3.9}$$

式中, r_0 为 LSR 原点到质心点的位置矢量。

LSR 节点 A_i 的速度为

$$Va_i = V + \omega \times Ra_i \tag{3.10}$$

3.3.3　加速度和角加速度

3.3.3.1　驱动臂的伸缩加速度

第 i 驱动臂沿自身轴线的运动加速度可以通过相应速度 $\dot{l}_i$ 对时间的导数求得。根据驱动臂结构的特点,可以将其加速度用乘法运算的形式表示。设 $\dot{V}$ 为 LSR 的移动速度 V 关于时间的导数, $\dot{\omega}$ 为 LSR 旋转角速度 ω 关于时间的导数。则将式(3.3)对时间求导,得

$$\ddot{l}_i = (\omega_i \times e_i) \cdot (V + \omega \times Ra_i) + e_i \cdot [\dot{V} + \dot{\omega} \times Ra_i + \omega \times (\omega \times Ra_i)] \tag{3.11}$$

令

$$\ddot{l}_{i1} = e_i \cdot (\dot{V} + \dot{\omega} \times Ra_i)$$

$$\ddot{l}_{i2} = (\omega_i \times e_i) \cdot (V + \omega \times Ra_i) + e_i \cdot [\omega \times (\omega \times Ra_i)]$$

则

$$\ddot{l}_i = \ddot{l}_{i1} + \ddot{l}_{i2}$$

式中, $\ddot{l}_{i1}$ 为对应系统伪速度 $[V, \omega]^T$ 时间导数的线性部分; $\ddot{l}_{i2}$ 为非线性部分,表示离心和科氏加速度。

3.3.3.2　驱动臂的角加速度

式(3.6)对时间求导得

$$\dot{\omega}_i = \frac{(\omega_i \times e_i) \times (V + \omega \times Ra_i) + e_i \times [\dot{V} + \dot{\omega} \times Ra_i + \omega \times (\omega \times Ra_i)] - \dot{l}_i \omega_i}{l_i}$$

$$\tag{3.12}$$

令

$$\dot{\omega}_{i1} = e_i \times (\dot{V} + \dot{\omega} \times Ra_i)/l_i$$

$$\dot{\omega}_{i2} = [(\omega_i \times e_i) \times (V + \omega \times Ra_i) + e_i \times \omega \times (\omega \times Ra_i) - \dot{l}_i \omega_i]/l_i$$

则

$$\dot{\omega}_i = \dot{\omega}_{i1} + \dot{\omega}_{i2}$$

式中, $\dot{\omega}_{i1}$ 为对应系统伪速度 $[V, \omega]^T$ 时间导数的线性部分; $\dot{\omega}_{i2}$ 为非线性部分,表示离心和科氏加速度。

3.3.3.3 驱动臂上连杆的质心加速度

式(3.7)对时间求导可得驱动臂上连杆质心的加速度为

$$\dot{V}g_{i1} = \dot{l}_i(\boldsymbol{\omega}_i \times \boldsymbol{e}_i) + lc_{i1}[\dot{\boldsymbol{\omega}}_i \times \boldsymbol{e}_i + \boldsymbol{\omega}_i \times (\boldsymbol{\omega}_i \times \boldsymbol{e}_i)] + \ddot{l}_i\boldsymbol{e}_i$$

$$= \dot{V}g_{i11} + \dot{V}g_{i12} \tag{3.13}$$

式中

$$\dot{V}g_{i11} = lc_{i1}(\dot{\boldsymbol{\omega}}_{i1} \times \boldsymbol{e}_i) + \ddot{l}_{i1}\boldsymbol{e}_i$$

$$\dot{V}g_{i12} = \dot{l}_i(\dot{\boldsymbol{\omega}}_i \times \boldsymbol{e}_i) + lc_{i1}[\dot{\boldsymbol{\omega}}_{i2} \times \boldsymbol{e}_i + \boldsymbol{\omega}_i \times (\boldsymbol{\omega}_i \times \boldsymbol{e}_i)] + \ddot{l}_{i2}\boldsymbol{e}_i$$

其中,$\dot{V}g_{i11}$为对应系统伪速度$[V, \boldsymbol{\omega}]^T$时间导数的线性部分;$\dot{V}g_{i12}$为非线性部分,表示离心和科氏加速度。

3.3.3.4 驱动臂下连杆的质心加速度

式(3.8)对时间求导可得驱动臂下连杆质心的加速度为

$$\dot{V}g_{i2} = lc_{i2}[\dot{\boldsymbol{\omega}}_i \times \boldsymbol{e}_i + \boldsymbol{\omega}_i \times (\boldsymbol{\omega}_i \times \boldsymbol{e}_i)] = \dot{V}g_{i21} + \dot{V}g_{i22} \tag{3.14}$$

式中

$$\dot{V}g_{i21} = lc_{i2}(\dot{\boldsymbol{\omega}}_{i1} \times \boldsymbol{e}_i)$$

$$\dot{V}g_{i22} = lc_{i2}[\dot{\boldsymbol{\omega}}_{i2} \times \boldsymbol{e}_i + \boldsymbol{\omega}_i \times (\boldsymbol{\omega}_i \times \boldsymbol{e}_i)]$$

其中,$\dot{V}g_{i21}$为对应系统伪速度$[V, \boldsymbol{\omega}]^T$时间导数的线性部分;$\dot{V}g_{i22}$为非线性部分,表示离心和科氏加速度。

3.3.3.5 LSR 质心加速度

式(3.9)对时间求导可得 LSR 质心的速度为

$$\dot{V}g_m = \dot{V} + \dot{\boldsymbol{\omega}} \times Rr_0 + \boldsymbol{\omega} \times (\boldsymbol{\omega} \times Rr_0) = \dot{V}g_{m1} + \dot{V}g_{m2} \tag{3.15}$$

式中

$$\dot{V}g_{m1} = \dot{V} + \dot{\boldsymbol{\omega}} \times Rr_0$$

$$\dot{V}g_{m2} = \boldsymbol{\omega} \times (\boldsymbol{\omega} \times Rr_0)$$

其中,$\dot{V}g_{m1}$为对应系统伪速度$[V, \boldsymbol{\omega}]^T$时间导数的线性部分;$\dot{V}g_{m2}$为非线性部分,表示离心和科氏加速度。

3.3.4 偏速度和偏角速度

选择 LSR 坐标系原点处速度与角速度矩阵$[V, \boldsymbol{\omega}]^T$为系统的伪速度。

3.3.4.1 驱动臂上连杆质心的偏速度矩阵

展开驱动臂上连杆质心的式(3.7)速度公式得

$$Vg_{i1} = \frac{lc_{i1}}{l_i} e_i \times (V + \omega \times Ra_i) \times e_i + e_i \cdot (V + \omega \times Ra_i) \cdot e_i$$

$$= \left[\frac{lc_{i1}}{l_i} (e_i \cdot e_i) E + \left(1 - \frac{lc_{i1}}{l_i} \right) e_i e_i^{\mathrm{T}} \right] V - \left[\frac{lc_{i1}}{l_i} (e_i \cdot e_i) E + \left(1 - \frac{lc_{i1}}{l_i} \right) e_i e_i^{\mathrm{T}} \right] Ra_i \times \omega$$

$$= \left[\frac{lc_{i1}}{l_i} (e_i \cdot e_i) E + \left(1 - \frac{lc_{i1}}{l_i} \right) e_i e_i^{\mathrm{T}} \quad - \left[\frac{lc_{i1}}{l_i} (e_i \cdot e_i) E + \left(1 - \frac{lc_{i1}}{l_i} \right) e_i e_i^{\mathrm{T}} \right] \hat{c}_i \right] \begin{bmatrix} V \\ \omega \end{bmatrix}$$

$$(3.16)$$

式中, $\hat{c}_i$ 为 $Ra_i \times$ 的矩阵等价形式, 即

$$\hat{c}_i = \begin{bmatrix} 0 & -R_3 a_i & R_2 a_i \\ R_3 a_i & 0 & -R_1 a_i \\ -R_2 a_i & R_1 a_i & 0 \end{bmatrix}$$

其中, $R_{i,,}$ 为矩阵 R 的第 i 行。驱动臂上连杆的质心偏速度可以根据式(3.16)获得。由于该速度已表示为对应系统伪速度 $[V, \omega]^{\mathrm{T}}$ 的线性表示, 因此可以将质心速度对应的偏速度矩阵表示为

$$P_{Vg_{i1}} = \left[\frac{lc_{i1}}{l_i} (e_i \cdot e_i) E + \left(1 - \frac{lc_{i1}}{l_i} \right) e_i e_i^{\mathrm{T}} \quad - \left[\frac{lc_{i1}}{l_i} (e_i \cdot e_i) E + \left(1 - \frac{lc_{i1}}{l_i} \right) e_i e_i^{\mathrm{T}} \right] \hat{c}_i \right]$$

$$(3.17)$$

式中, E 为 3×3 单位矩阵。

3.3.4.2　驱动臂下连杆质心的偏速度矩阵

展开驱动臂下连杆质心公式(3.8)得

$$Vg_{i2} = \frac{lc_{i2}}{l_i} e_i \times (V + \omega \times Ra_i) \times e_i$$

$$= \frac{lc_{i2}}{l_i} [(e_i \cdot e_i) E - e_i e_i^{\mathrm{T}}] V - \frac{lc_{i2}}{l_i} [(e_i \cdot e_i) E - e_i e_i^{\mathrm{T}}] Ra_i \times \omega$$

$$= \left[\frac{lc_{i2}}{l_i} [(e_i \cdot e_i) E - e_i e_i^{\mathrm{T}}] \quad - \frac{lc_{i2}}{l_i} [(e_i \cdot e_i) E - e_i e_i^{\mathrm{T}}] \hat{c}_i \right] \begin{bmatrix} V \\ \omega \end{bmatrix} \quad (3.18)$$

驱动臂下连杆质心的偏速度根据式(3.18)获得, 因此驱动臂下连杆质心速度对应的偏速度矩阵表示为

$$P_{Vg_{i2}} = \left[\frac{lc_{i2}}{l_i} ((e_i \cdot e_i) E - e_i e_i^{\mathrm{T}}) \quad - \frac{lc_{i2}}{l_i} ((e_i \cdot e_i) E - e_i e_i^{\mathrm{T}}] \hat{c}_i \right] \quad (3.19)$$

3.3.4.3　驱动臂的偏角速度矩阵

展开驱动臂的式(3.6)角速度公式得

$$\boldsymbol{\omega}_i = (\hat{\boldsymbol{e}}_i V - \hat{\boldsymbol{e}}_i \hat{\boldsymbol{c}}_i \boldsymbol{\omega})/l_i = \begin{bmatrix} \hat{\boldsymbol{e}}_i/l_i & -\hat{\boldsymbol{e}}_i \hat{\boldsymbol{c}}_i/l_i \end{bmatrix} \begin{bmatrix} \boldsymbol{V} \\ \boldsymbol{\omega} \end{bmatrix} \tag{3.20}$$

式中

$$\hat{\boldsymbol{e}}_i = \begin{bmatrix} 0 & -e_{iz} & e_{iy} \\ e_{iz} & 0 & -e_{ix} \\ -e_{iy} & e_{ix} & 0 \end{bmatrix}$$

其中 e_{ix}、e_{iy}、e_{iz} 是矢量 $\boldsymbol{e}_i$ 沿三轴的分量。因此驱动臂的偏角速度矩阵为

$$\boldsymbol{P}_{\omega i} = \begin{bmatrix} \hat{\boldsymbol{e}}_i/l_i & -\hat{\boldsymbol{e}}_i \hat{\boldsymbol{c}}_i/l_i \end{bmatrix} \tag{3.21}$$

3.3.4.4 驱动臂上、下连杆相对运动的偏速度矩阵

展开驱动臂伸缩速度公式(3.3)得

$$\dot{l}_i = \boldsymbol{e}_i^{\mathrm{T}} \boldsymbol{V} + (\boldsymbol{Ra}_i \times \boldsymbol{e}_i)^{\mathrm{T}} \boldsymbol{\omega} = \begin{bmatrix} \boldsymbol{e}_i^{\mathrm{T}} & (\boldsymbol{Ra}_i \times \boldsymbol{e}_i)^{\mathrm{T}} \end{bmatrix} \begin{bmatrix} \boldsymbol{V} \\ \boldsymbol{\omega} \end{bmatrix} \tag{3.22}$$

因此驱动臂伸缩速度的偏速度矩阵为

$$\boldsymbol{P}_{l_i} = \begin{bmatrix} \boldsymbol{e}_i^{\mathrm{T}} & (\boldsymbol{Ra}_i \times \boldsymbol{e}_i)^{\mathrm{T}} \end{bmatrix} \tag{3.23}$$

3.3.4.5 LSR 质心运动的偏速度矩阵

用矩阵的形式表示 LSR 质心运动公式(3.9)，有

$$\boldsymbol{Vg}_m = \boldsymbol{EV} - \hat{\boldsymbol{r}}_0 \boldsymbol{\omega} = \begin{bmatrix} \boldsymbol{E} & -\hat{\boldsymbol{r}}_0 \end{bmatrix} \begin{bmatrix} \boldsymbol{V} \\ \boldsymbol{\omega} \end{bmatrix} \tag{3.24}$$

式中，$\boldsymbol{E}$ 为三阶单位矩阵，$\hat{\boldsymbol{r}}_0$ 表示如下

$$\hat{\boldsymbol{r}}_0 = \begin{bmatrix} 0 & -\boldsymbol{R}_3 \boldsymbol{r}_0 & \boldsymbol{R}_2 \boldsymbol{r}_0 \\ \boldsymbol{R}_3 \boldsymbol{r}_0 & 0 & -\boldsymbol{R}_1 \boldsymbol{r}_0 \\ -\boldsymbol{R}_2 \boldsymbol{r}_0 & \boldsymbol{R}_1 \boldsymbol{r}_0 & 0 \end{bmatrix}$$

因此 LSR 质心运动的偏速度矩阵为

$$\boldsymbol{P}_{Vg_m} = \begin{bmatrix} \boldsymbol{E} & -\hat{\boldsymbol{r}}_0 \end{bmatrix} \tag{3.25}$$

3.3.4.6 LSR 的偏角速度矩阵

用矩阵的形式表示 LSR 的转动

$$\boldsymbol{\omega} = \begin{bmatrix} \boldsymbol{0} & \boldsymbol{E} \end{bmatrix} \begin{bmatrix} \boldsymbol{V} \\ \boldsymbol{\omega} \end{bmatrix}$$

因此 LSR 的偏角速度矩阵为

$$\boldsymbol{P}_\omega = \begin{bmatrix} \boldsymbol{0} & \boldsymbol{E} \end{bmatrix} \tag{3.26}$$

3.3.4.7 LSR 节点 A_i 的偏速度矩阵

展开 LSR 节点 A_i 的运动公式(3.10)得

$$Va_i = EV - Ra_i \times \omega = \begin{bmatrix} E & -\hat{c}_i \end{bmatrix} \begin{bmatrix} V \\ \omega \end{bmatrix} \tag{3.27}$$

因此节点 A_i 运动的偏速度矩阵为

$$P_{Va_i} = \begin{bmatrix} E & -\hat{c}_i \end{bmatrix} \tag{3.28}$$

式中，E 为三阶单位矩阵。

3.3.5　加速度线性部分的偏加速度和偏角加速度

3.3.5.1　驱动臂角加速度线性部分的偏加速度

展开式(3.12)驱动臂角加速度公式的线性部分,得

$$\dot{\omega}_{i1} = \frac{\hat{e}_i \, \dot{V} - \hat{e}_i \, \hat{c}_i \, \dot{\omega}}{l_i} = \begin{bmatrix} \dfrac{\hat{e}_i}{l_i} & -\dfrac{\hat{e}_i \, \hat{c}_i}{l_i} \end{bmatrix} \begin{bmatrix} \dot{V} \\ \dot{\omega} \end{bmatrix} \tag{3.29}$$

因此驱动臂角加速度公式的线性部分的偏角加速度矩阵表示为

$$P_{\dot{\omega}_{i1}} = \begin{bmatrix} \dfrac{\hat{e}_i}{l_i} & -\dfrac{\hat{e}_i \, \hat{c}_i}{l_i} \end{bmatrix} = P_{\omega_i} \tag{3.30}$$

3.3.5.2　驱动臂上连杆质心加速度线性部分的偏加速度

展开式(3.13)驱动臂上连杆质心加速度公式的线性部分,得

$$\dot{V}g_{i11} = \begin{bmatrix} \dfrac{lc_{i1}}{l_i}(e_i \cdot e_i)E + \left(1 - \dfrac{lc_{i1}}{l_i}\right)e_i e_i^{\mathrm{T}} & -\left[\dfrac{lc_{i1}}{l_i}(e_i \cdot e_i)E + \left(1 - \dfrac{lc_{i1}}{l_i}\right)e_i e_i^{\mathrm{T}}\right]\hat{c}_i \end{bmatrix} \begin{bmatrix} \dot{V} \\ \dot{\omega} \end{bmatrix}$$
$$\tag{3.31}$$

因此驱动臂上连杆质心加速度公式的线性部分的偏加速度矩阵表示为

$$P_{\dot{V}_{g_{i11}}} = \begin{bmatrix} \dfrac{lc_{i1}}{l_i}(e_i \cdot e_i)E + \left(1 - \dfrac{lc_{i1}}{l_i}\right)e_i e_i^{\mathrm{T}} & -\left[\dfrac{lc_{i1}}{l_i}(e_i \cdot e_i)E + \left(1 - \dfrac{lc_{i1}}{l_i}\right)e_i e_i^{\mathrm{T}}\right]\hat{c}_i \end{bmatrix}$$
$$= P_{V_{g_{i1}}} \tag{3.32}$$

3.3.5.3　驱动臂下连杆质心加速度线性部分的偏加速度

展开式(3.14)驱动臂下连杆质心加速度公式的线性部分,得

$$\dot{V}g_{i21} = \begin{bmatrix} \dfrac{lc_{i2}}{l_i}[(e_i \cdot e_i)E - e_i e_i^{\mathrm{T}}] & -\dfrac{lc_{i2}}{l_i}[(e_i \cdot e_i)E - e_i e_i^{\mathrm{T}}]\hat{c}_i \end{bmatrix} \begin{bmatrix} \dot{V} \\ \dot{\omega} \end{bmatrix} \tag{3.33}$$

因此驱动臂下连杆质心加速度公式的线性部分的偏加速度矩阵表示为

$$P_{\dot{V}_{g_{i21}}} = \begin{bmatrix} \dfrac{lc_{i2}}{l_i}[(e_i \cdot e_i)E - e_i e_i^{\mathrm{T}}] & -\dfrac{lc_{i2}}{l_i}[(e_i \cdot e_i)E - e_i e_i^{\mathrm{T}}]\hat{c}_i \end{bmatrix} = P_{V_{g_{i2}}} \tag{3.34}$$

3.3.5.4 LSR 质心加速度线性部分的偏加速度

展开式(3.15)LSR 质心加速度公式的线性部分,得

$$\dot{V}g_m = \begin{bmatrix} E & -\hat{r}_0 \end{bmatrix} \begin{bmatrix} \dot{V} \\ \dot{\omega} \end{bmatrix} \tag{3.35}$$

因此 LSR 质心加速度线性部分的偏加速度矩阵表示为

$$P_{\dot{V}g_m} = \begin{bmatrix} E & -\hat{r}_0 \end{bmatrix} = P_{Vg_m} \tag{3.36}$$

3.3.5.5 LSR 角加速度线性部分的偏加速度

展开 LSR 角加速度公式,得

$$\dot{\omega} = \begin{bmatrix} 0 & E \end{bmatrix} \begin{bmatrix} \dot{V} \\ \dot{\omega} \end{bmatrix} \tag{3.37}$$

因此 LSR 角加速度公式偏角加速度矩阵表示为

$$P_{\dot{\omega}} = \begin{bmatrix} 0 & E \end{bmatrix} = P_{\omega} \tag{3.38}$$

3.3.6 主动力和广义主动力

作用在 LIDM 上的主动力包括航天器发动机推力(等效为两对接机构接触力的一部分)、驱动力、两对接机构的接触力(不考虑机构关节的摩擦力等)。将航天器发动机推力与两航天器对接机构接触过程中的力等效为合力记为$[F, F_M]^T$,作用点选在 LSR 随体坐标系原点,空间对接忽略重力影响。第 i 驱动臂上下连杆之间的驱动力为 f_i,f_i 是标量。由于 LIDM 的驱动臂是直线移动关节,所以驱动力的方向与驱动臂所在轴线方向重合。用矩阵 $f = [f_1 \quad f_2 \quad f_3 \quad f_4 \quad f_5 \quad f_6]^T$ 表示 LIDM 的广义驱动力。根据凯恩方程计算方法,为得出系统的广义主动力 K,将各作用力对系统伪速度 $[V, \omega]^T$ 投影,得

$$K = \begin{bmatrix} F & 0 \\ 0 & F_M \end{bmatrix} \begin{bmatrix} P_{Vg_m} \\ P_{\omega} \end{bmatrix} + \begin{bmatrix} f_1 & 0 & 0 & 0 \\ 0 & f_2 & 0 & 0 \\ 0 & 0 & \ddots & 0 \\ 0 & 0 & 0 & f_6 \end{bmatrix} \begin{bmatrix} P_{\dot{i}1} \\ P_{\dot{i}2} \\ \vdots \\ P_{\dot{i}6} \end{bmatrix} \tag{3.39}$$

式中,P_{ω} 为 LSR 的偏角速度;K 为驱动力(力矩)和外力(外力矩)共同引起的广义主动力。

3.3.7 惯性力与广义惯性力

依据凯恩方程,将 LIDM 各个部件的惯性力均对伪速度 $[V, \omega]^T$ 导数投影,得到系统的广义惯性力 K^* 为

$$K^* = K_1^* + K_2^* \tag{3.40}$$

式中,K_2^* 为离心力和科氏力项,对应系统的伪速度导数 $[\dot{V},\dot{\omega}]^{\mathrm{T}}$ 的二次形式;K_1^* 为与加速度项相关的广义惯性力,对应系统的伪速度导数 $[\dot{V},\dot{\omega}]^{\mathrm{T}}$,即

$$K_1^* = M\begin{bmatrix} \dot{V} \\ \dot{\omega} \end{bmatrix} \tag{3.41}$$

式中,M 为广义质量矩阵。根据凯恩方法计算 LIDM 的广义质量非常简单、方便,只需将各个构件的质量和惯量与其相对应的偏速度、偏角速度通过简单相乘后叠加就可获得。因此,LIDM 的广义质量为

$$M = -P_{V_{g_m}}^{\mathrm{T}} P_{V_{g_m}} m - P_{\omega}^{\mathrm{T}} J_C P_{\omega} -$$
$$\sum_{i=1}^{6} \left[P_{V_{g_{i1}}}^{\mathrm{T}} P_{V_{g_{i1}}} m_{i1} + P_{V_{g_{i1}}}^{\mathrm{T}} P_{V_{g_{i1}}} m_{i2} + P_{\omega i}^{\mathrm{T}} (J_{Ci1} + J_{Ci2}) P_{\omega i} \right] \tag{3.42}$$

K_2^* 的元素是组成 LIDM 的各个零部件在运动中产生的离心力与科氏力项与各自质心偏速度、偏角速度相乘的和

$$K_2^* = -P_{V_{g_m}}^{\mathrm{T}} F_g - P_{\omega}^{\mathrm{T}} T_g - \sum_{i=1}^{6} \left[P_{V_{g_{i1}}}^{\mathrm{T}} F_{g_{i1}} + P_{V_{g_{i2}}}^{\mathrm{T}} F_{g_{i2}} + P_{\omega i}^{\mathrm{T}} T_{g_i} \right] \tag{3.43}$$

式中

$$F_g = m\dot{V}g_{m2}$$
$$T_g = \omega \times (J_C \omega)$$
$$F_{g_{i1}} = m_{i1}\dot{V}g_{i12}$$
$$F_{g_{i2}} = m_{i2}\dot{V}g_{i22}$$
$$T_{g_i} = (J_{Ci1} + J_{Ci2})\dot{\omega}_{i2} + \omega_i \times \left[(J_{Ci1} + J_{Ci2})\omega_i \right]$$

3.3.8　转动惯量的空间表示

实时描述刚体在某参考坐标系的转动惯量比较复杂,如上节给出的 LSR 的转动惯量 J_C、驱动臂上、下连杆的转动惯量 J_{Ci1} 和 J_{Ci2} 均为固定参考坐标系中的表示。为了简化计算过程,通常给出的刚体转动惯量矩阵都是基于固结刚体自身坐标系,如 J_{Co}、J_{Ci1o} 和 J_{Ci2o} 分别是基于自身坐标系的表示。J_C 与 J_{Co} 之间的关系为

$$J_C = R J_{Co} R^{\mathrm{T}} \tag{3.44}$$

LIDM 各驱动臂分支结构组成相同,为更清晰地描述,仅取一个驱动臂分支完成运动学分析,单驱动臂分支的结构模型如图 3.3 所示。

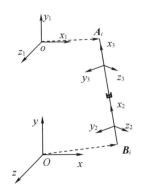

图 3.3　驱动臂坐标系简图

O 为 LIDM 基座的中心，o 为 LSR 的中心，A_i 与 B_i 分别为驱动臂上杆与 LSR 和下杆与基座的铰接中心。分别在驱动臂上、下杆的质心位置建立参考坐标系 $A - x_3 y_3 z_3$ 和 $B - x_2 y_2 z_2$。参考坐标系 $A - x_3 y_3 z_3$ 和 $B - x_2 y_2 z_2$ 的各轴平行；x_2 和 x_3 轴沿驱动臂轴线方向由 B 点指向 A 点；y_2 和 y_3 轴平行于虎克铰链的旋转轴；z_2 和 z_3 轴符合右手法则。

驱动臂上、下杆质心坐标系到基坐标系的变换矩阵为 T_i，根据坐标系建立特点，将 T_i 表示为

$$T_i = \begin{bmatrix} \hat{x}_i & \hat{y}_i & \hat{z}_i \end{bmatrix} \tag{3.45}$$

式中，$\hat{x}_i$ 为沿 x_2 轴方向的单位矢量，且 $\hat{x}_i = e_i$；$\hat{y}_i$ 为沿 y_2 轴方向的单位矢量，且 $\hat{y}_i = K_i \times e_i / \|K_i \times e_i\|$，$K_i$ 为平行于虎克铰转轴的任一单位向量；$\hat{z}_i = \hat{x}_i \times \hat{y}_i$ 为沿 z_2 轴方向的单位矢量。因此 J_{Ci1} 和 J_{Ci2} 可以表示成

$$J_{Ci1} = T_i J_{Ci1o} T_i^{\mathrm{T}} \tag{3.46}$$

$$J_{Ci2} = T_i J_{Ci2o} T_i^{\mathrm{T}} \tag{3.47}$$

3.3.9　LIDM 的捕获动力学方程

根据凯恩方程学方法

$$K + K^* = 0 \tag{3.48}$$

LIDM 动力学方程可表示为

$$M \begin{bmatrix} \dot{V} \\ \dot{\omega} \end{bmatrix} + B(V, \omega) + K = 0 \tag{3.49}$$

式中，$B(V, \omega) = K_2^*$；M、B、K 等为机构位置、姿态等几何参量及质量、惯量等物理参数的显式表示。

3.3.10　算　例

令 LSR 的质心沿 y 轴方向以加速度 $4\pi \sin(\pi t / 10)$ mm/s^2，角加速度为 0 rad/s^2

运动。LSR 的质心位于 $\boldsymbol{P} = [0, 353.639\,6, 0]^{\mathrm{T}}$,初速度和初角速度均为零,旋转矩阵 $\boldsymbol{R} = [1,0,0;0,1,0;0,0,1]$,外作用力 $[\boldsymbol{F}, \boldsymbol{F}_{\mathrm{M}}]^{\mathrm{T}} = [300, -150, 0, 0, 0, 0]^{\mathrm{T}}$,LSR 的质量 $m = 154.845\,3$ kg,驱动臂上、下连杆质量 m_{i1} 和 m_{j2} 分别为

$$m_{i1}(m_{j2}) = \begin{cases} 4.155\,3 \text{ kg} & i = 1,3,5(j = 2,4,6) \\ 14.047\,6 \text{ kg} & i = 2,4,6(j = 1,3,5) \end{cases}$$

LSR 的转动惯量 $\boldsymbol{J}_{Co}(\mathrm{kg \cdot mm^2})$ 为

$$\boldsymbol{J}_{Co} = \begin{bmatrix} 35.271\,8 & & \\ & 69.656\,0 & \\ & & 35.271\,8 \end{bmatrix} \times 10^6$$

驱动臂上、下杆转动惯量 $\boldsymbol{J}_{Ci1o}(\mathrm{kg \cdot mm^2})$, $\boldsymbol{J}_{Ci2o}(\mathrm{kg \cdot mm^2})$ 为

$$\boldsymbol{J}_{Ci1o}(\boldsymbol{J}_{Cj2o}) = \begin{bmatrix} 0 & & \\ & 9.992\,3 & \\ & & 9.992\,3 \end{bmatrix} \times 10^4 \quad i = 1,3,5(j = 2,4,6)$$

$$\boldsymbol{J}_{Ci1o}(\boldsymbol{J}_{Cj2o}) = \begin{bmatrix} 0 & & \\ & 2.941\,6 & \\ & & 2.941\,6 \end{bmatrix} \times 10^5 \quad i = 2,4,6(j = 1,3,5)$$

计算结果如图 3.4 ~ 图 3.9 所示。

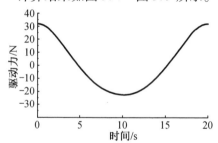

图 3.4　驱动臂 1 的驱动力

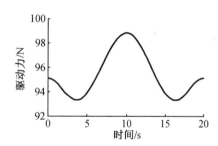

图 3.5　驱动臂 2 的驱动力

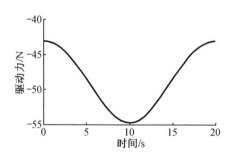

图 3.6　驱动臂 3 的驱动力

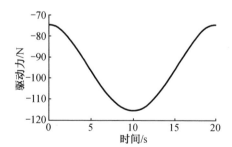

图 3.7　驱动臂 4 的驱动力

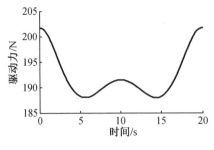
图 3.8　驱动臂 5 的驱动力

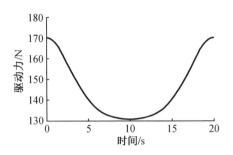
图 3.9　驱动臂 6 的驱动力

3.3.11　结　论

根据 LIDM 的结构特性,采用凯恩动力学方法,以 LSR 随体坐标系原点的平移速度与旋转角速度作为系统的伪速度,在基坐标系中建立封闭形式的运动学方程。采用该方法建立动力学模型,避免了使用复杂的动力学函数、繁复的求导过程及对理想约束反力的求解过程。凯恩方法求得的动力学模型,方程与变量的数量少,表达简单规范,有利于提高模型的计算效率。另外 LIDM 结构上固有的机械特性也可以在方程的表达式中体现出来。所以 LIDM 各种动力链分支可以通过完全独立的计算完成,利用这一特点,可以采用并行计算的方式显著提高计算动力学模型的速度。

3.4　动力学模型的验证

ADAMS 机械系统动力学虚拟样机分析软件是由美国 MDI 公司开发的,是当前世界上最流行、应用最广、使用行业最多的一款机械系统动力学仿真工具。通过该软件可以建立结构功能复杂的机械系统虚拟样机,实现逼真地模拟现实工作环境下机械系统的所有运动工况,并能通过快速地进行计算分析,比较多种设计方案,直到获得最优的设计方案。因此能减少研制物理样机及试验台的研发成本并缩短产品研发周期。目前全球范围有数百家不同行业的制造商正在使用该软件,占据了虚拟仿真领域 53% 的市场份额。

本节通过 ADAMS 分析软件对 LIDM 的捕获过程进行仿真计算,来验证以凯恩方法建立的 LIDM 捕获动力学模型的正确性。

根据 LIDM 的结构、质量、运动参数及受力情况,在 ADAMS 中建立 LIDM 的虚拟样机模型,如图 3.10 所示。

图 3.10 弱撞击对接机构 ADAMS 模型

首先根据上节的算例,通过 LIDM 的运动仿真计算,计算出各驱动臂随时间变化的伸缩量曲线,并以此曲线作为驱动臂的控制输入量,通过动力学仿真计算 LSR 在算例规定的运动参数与外载荷条件下各驱动臂的驱动力。并通过 ADAMS 后处理输出 LIDM 各驱动臂在运动过程中的驱动力曲线,如图 3.11 ～ 图 3.16 所示。

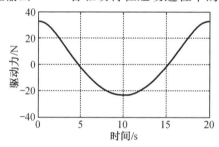

图 3.11 驱动臂 1 的驱动力

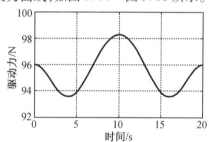

图 3.12 驱动臂 2 的驱动力

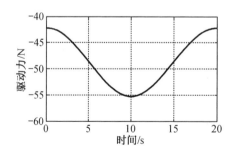

图 3.13 驱动臂 3 的驱动力

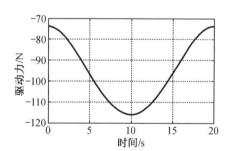

图 3.14 驱动臂 4 的驱动力

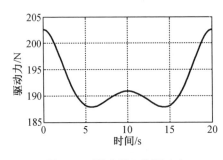

图 3.15　驱动臂 5 的驱动力

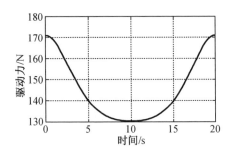

图 3.16　驱动臂 6 的驱动力

对比 ADAMS 与凯恩动力学模型计算所得结果可以发现,采用两种方法计算所得结果基本一致。ADAMS 建模因为用到了样条曲线,在数据转化过程中会存在一些误差,如果忽略掉这些误差,两种计算方法所得结果基本相同。所以 ADAMS 的计算结果验证了以凯恩方法建立的 LIDM 捕获动力学模型的正确性。

3.5　LIDM 动力学模型的简化

由于 LIDM 捕获系统动力学模型是一个复杂的系统,具有多变量、非线性、高耦合等特点。LIDM 捕获系统动力学模型的复杂性与其机构的复杂性相关。

由于与对接机构动力学建模相关的方法较多,所以建立 LIDM 捕获系统动力学模型并不困难,困难的是如何缩减动力学模型的计算时间来实现动力学实时控制,提高 LIDM 的捕获性能,发挥其潜在的机械特性优势。为了高效求解动力学模型,各国学者进行了大量的尝试,例如去掉模型中的次要因素,寻找新的动力学建模方法,以及线性化处理动力学模型等。对于 LIDM 而言,忽略动力学模型中的某些次要因素所得到的简化模型,可以适用于各种工况的捕获过程。

从式(3.41)可以得到 LSR 质量参数产生的广义惯性力为

$$K_F^* = -\left(P_{Vg_m}^{\mathrm{T}} P_{Vg_m} m + P_\omega^{\mathrm{T}} J_C P_\omega \right) \begin{bmatrix} \dot{V} \\ \dot{\omega} \end{bmatrix} \tag{3.50}$$

从式(3.25)可知,当 LSR 质心和其随体动坐标系的原点重合时,LSR 的质心偏速度 P_{Vg_m} 是一个 3×6 的常矩阵,由三阶单位矩阵和零矩阵组成。LSR 的偏角速度也是 3×6 的常矩阵,由三阶零矩阵和单位矩阵组成。因此根据式(3.50)可知,LSR 的广义惯性力只与 LSR 坐标系原点的加速度、角加速度及其自身的质量相关。

LSR 离心力、科氏力项产生的广义惯性力为

$$K_{FK}^* = -\left[m P_{Vg_m}^{\mathrm{T}} \dot{V} g_{m2} + P_\omega^{\mathrm{T}} \omega \times (J_C \omega) \right] \tag{3.51}$$

当 LSR 质心和随体坐标系原点重合时,离心力和科氏力项引起的广义惯性力只与 LSR 的转动角速度和转动惯量相关。

6 个驱动臂的质量引起的广义惯性力为

$$K_L^* = -\sum_{i=1}^{6} \left[P_{V_{g_{i1}}}^{\mathrm{T}} P_{V_{g_{i1}}} m_{i1} + P_{V_{g_{i2}}}^{\mathrm{T}} P_{V_{g_{i2}}} m_{i2} + P_{\omega_i}^{\mathrm{T}} (J_{Ci1} + J_{Ci2}) P_{\omega_i} \right] \begin{bmatrix} \dot{V} \\ \dot{\omega} \end{bmatrix} \quad (3.52)$$

6 个驱动臂离心力和科氏力项引起的广义惯性力为

$$K_{LK}^* = -\sum_{i=1}^{6} \left\{ m_{i1} P_{V_{g_{i1}}}^{\mathrm{T}} \dot{V} g_{i12} + m_{i2} P_{V_{g_{i2}}}^{\mathrm{T}} \dot{V} g_{i22} + P_{\omega_i}^{\mathrm{T}} \left[(J_{Ci1} + J_{Ci2}) \dot{\omega}_{i2} + \right.\right.$$

$$\left.\left. \omega_i \times \left[(J_{Ci1} + J_{Ci2}) \dot{\omega}_i \right] \right\} \right. \quad (3.53)$$

从式(3.52)和式(3.53)可知,LIDM 6 个驱动臂引起的广义惯性力与驱动臂的质量、运动状态和 LSR 的位置形态有关。

上述各项中均包含 LIDM 的结构与位置、姿态参数,解析解法过程复杂,耗时长,且无法研究动力学模型中各项对动力学模型的影响。所以本节采用数值计算的方法,针对 LIDM 捕获系统的动力学模型,研究其中各项对模型的影响,并完成模型的简化。

LIDM 的对接过程属于高精度控制,在捕获过程中两航天器的相对速度较小,在柔顺控制系统的作用下产生的加速度也较小。另外在柔顺控制系统的控制下,接触力、速度和加速度都是时变的。简化过程中,假设捕获过程中某一工况保持一段时间,参照柔顺对接机构的设计要求,取 LIDM 捕获过程中某一瞬间为研究对象。假设 LSR 沿 x 轴方向以初速度为 0 m/s、角速度为 0 rad/s、加速度 1.5 m/s^2、角加速度为 3 rad/s^2 的状态运动。

运动过程中,LSR 质量参数产生的广义惯性力、6 个驱动臂质量参数产生的广义惯性力和捕获系统中的离心力和科氏力项产生的广义惯性力,以及 LSR 离心力和科氏力项与其质量产生的广义惯性力之比(KFK^*/KF^*),六驱动臂质量与 LSR 质量产生的广义惯性力之比(KL^*/KF^*),6 驱动臂的离心力和科氏力项与 LSR 质量产生的广义惯性力之比(KLK^*/KF^*)如图 3.17 ~ 图 3.23 所示。

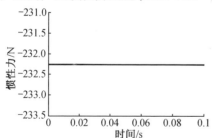

图 3.17　LSR 质量产生的广义惯性力

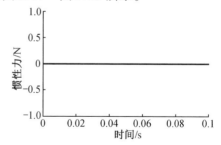

图 3.18　LSR 离心力和科氏力产生的广义惯性力

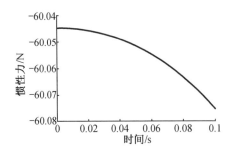

图 3.19 6 个驱动臂质量产生的广义惯性力

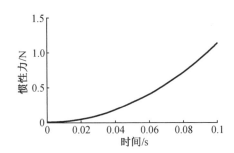

图 3.20 6 个驱动臂离心力和科氏力项产生的广义惯性力

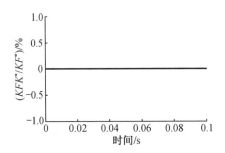

图 3.21 LSR 离心力和科氏力项与其质量产生的广义惯性力之比

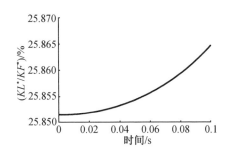

图 3.22 6 驱动臂质量与 LSR 质量产生的广义惯性力之比

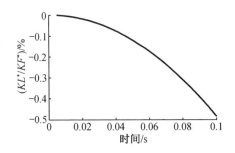

图 3.23 6 驱动臂的离心力和科氏力项与 LSR 质量产生的广义惯性力之比

由图可知,LSR 和驱动臂的离心力和科氏力项在捕获运动过程中产生的影响有限,基本可以忽略不计。在动力学模型中,驱动臂质量对广义惯性力产生的作用比较大,不可以忽略。因此 LIDM 的动力学模型可以简化为

$$M\begin{bmatrix} \dot{V} \\ \dot{\omega} \end{bmatrix} + \begin{bmatrix} F \\ & F_M \end{bmatrix}\begin{bmatrix} P_{Vg_m} \\ P_\omega \end{bmatrix} + \begin{bmatrix} f_1 & & & \\ & f_2 & & \\ & & \ddots & \\ & & & f_6 \end{bmatrix}\begin{bmatrix} P_{i_1} \\ P_{i_2} \\ \vdots \\ P_{i_6} \end{bmatrix} = 0 \quad (3.54)$$

第4章 LIDM 基于速度的阻抗柔顺控制系统

4.1 概　　述

　　LIDM 作为新一代的对接系统,其柔顺控制的目的是为两航天器的空间对接提供低冲击对接环境,并以稳定的、低冲击(或无冲击)状态完成对接任务。在空间随机误差下成功完成两空间飞行器的对接,LIDM 捕获系统的控制性能至关重要。从捕获系统的功能来讲,捕获系统采用了并联机构构型,能够迅速完成位置和姿态的调整而没有多余的动作,这种构型的设计也增加了捕获范围,提高了可靠性。由于航天器导航制导系统、测量系统难免存在误差,导致两 LIDM 的初始对接偏差在一定范围内是随机的,随机偏差的存在导致 LIDM 无法采用与工业机器人相同的方法规划一个期望的运动轨迹,所以工业中常用的控制策略不适用于 LIDM。由于空间对接本身就是一个复杂的运动过程,即便完成了复杂环境的建模、对接轨迹的规划,也很难保证对接机构始终不发生较大冲击力的碰撞或者由接触力引发的航天器姿态的改变,所以仅通过对接轨迹控制来实现捕获是十分困难的。从捕获系统的受力情况来讲,受力方向与接触面的形状、机构滑移方向、航天器相对运动方向等多因素有关,导致两对接机构接触力方向的不确定性增大,所以只有通过柔顺控制才能够把各种可能存在的需求都考虑在内。柔顺控制系统不仅能够完成 LIDM 捕获时的力控制,而且能够减小碰撞力,降低能耗,实现接触力优化分配,这将极大提高 LIDM 对空间对接随机偏差的适应性与鲁棒性。

　　工业中可以用来实现 LIDM 捕获系统力控制的方式主要有两种:一种是力/位置混合控制方法[116],根据空间正交原则,将 LSR 中心的运动分为无约束运动和有约束的运动,无约束方向采取位置控制,有约束方向采取力控制,两个控制空间正交,这种方法比较容易理解;另一种控制方法是阻抗控制[117],控制原理不同于力/位置混合控制,该方法不会直接控制 LIDM 捕获系统与被动对接环之间的碰撞力,而是引入一个 LSR 的位置(速度)修正量来达到力控的效果。阻抗控制以位置(速度)控制为基础,将力控制的信号通过阻抗控制器转变成位置(速度)的修正信号来最终实现力控制。

力/位置混合控制虽然理论明确,但是实际应用比较困难,当 LIDM 的捕获系统与环境接触时会出现不稳定的情况。工业生产中应用最广泛的力柔顺控制方法是阻抗控制,阻抗控制对力、位置(速度)的控制采用相同的策略,因此任务规划的工作量相对较少,易于工程实现。另外工业中应用较多的是以位置为基础的阻抗控制,与其他控制相比,位置阻抗控制更简单,对环境有更强的适应性与鲁棒性。然而阻抗控制对力的控制是通过调整机构末端的位置(速度)间接完成的,该算法高度依赖环境参数。在工程应用中,由于条件恶劣或其他因素影响,不能够精确掌握环境参数甚至对环境一无所知,这会使系统存在一个较大的力误差,所以阻抗控制不适合对控制精度要求很高的场合,这是阻抗控制系统不可避免的较大缺陷。针对阻抗控制这一缺陷,许多的专家学者进行了深入的研究[118-121]。

针对 LIDM 初始对接偏差的随机性,无法计算出(或计算量巨大)精确的对接轨迹,本章提出了一种基于速度的阻抗控制策略,使得 LSR 能够跟踪被动对接环的运动情况完成力柔顺控制。针对速度阻抗对期望力的跟踪性能,本章进一步研究了以速度控制为基础的阻抗控制系统特性,根据该控制策略设计了捕获系统的控制方案,并通过 MATLAB 与 ADAMS 进行联合仿真验证了该方案的可行性。

4.2　阻抗控制概述

阻抗控制是实现力柔顺控制的一种主要方法,根据 Hogan N[122]的研究成果,阻抗控制的基本概念是指控制系统不仅仅要规划位置轨迹,还需要规划机器人的机械阻抗。阻抗控制通过调节机构末端的目标阻抗参数(包括刚度参数、阻尼参数和惯性参数),使作用力、位置(速度)满足一种理想的期望动态关系,达到实现主动力柔顺的控制效果,从而避免了对期望力与位置的直接控制。由于阻抗控制任务规划工作量小,具有更强的鲁棒性,因此适用于一些环境不确定和扰动因素多的场合。同样根据其算法的特性,控制系统容易完成从无约束空间到约束空间控制的稳定过渡[123]。

阻抗控制可以等效为一个简单的物理系统,把环境等效成导纳,机械系统等效成阻抗。在力作用信息不完全的情况下,阻抗控制器通过选取合适的目标阻抗参数来调节力信息与位置(速度)之间的动态关系,从而完成对系统的柔顺控制,这种阻抗关系在频域中表示为

$$\boldsymbol{F} = \boldsymbol{Z}(s)[\boldsymbol{X}(s) - \boldsymbol{X}_d(s)] \quad \text{或} \quad \boldsymbol{F} = \boldsymbol{Z}(s)[\boldsymbol{V}(s) - \boldsymbol{V}_d(s)] \quad (4.1)$$

式中,$\boldsymbol{F}$、$\boldsymbol{Z}$、$\boldsymbol{X}$、$\boldsymbol{X}_d$、$\boldsymbol{V}$、$\boldsymbol{V}_d$ 分别为接触力、目标阻抗、实际位置、期望位置、实际速度和期望速度。

通过构建一个简单的质量 - 弹簧 - 阻尼机械系统来表述阻抗控制器的原理,如图 4.1 所示,如果存在运动或者变形,就会产生相应的作用力。根据这种等效模

式,可以采用一种常用的二阶微分方程表示阻抗关系。该二阶阻抗关系应用于 LIDM 的捕获系统,就代表了 LIDM 捕获系统与被动对接环间的相互作用力和位置 (速度)偏离目标轨迹偏差之间的关系,这个关系称为系统目标阻抗方程。

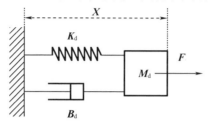

图 4.1　质量 – 弹簧 – 阻尼系统

目标阻抗方程比较常用的有三种形式[124],即

$$\begin{cases} M_d \ddot{X} + B_d \dot{X} + K_d (X - X_d) = -F \\ M_d \ddot{X} + B_d (\dot{X} - \dot{X}_d) + K_d (X - X_d) = -F \\ M_d (\ddot{X} - \ddot{X}_d) + B_d (\dot{X} - \dot{X}_d) + K_d (X - X_d) = -F \end{cases} \tag{4.2}$$

式中,M_d、B_d、K_d——目标惯性矩阵、目标阻尼矩阵、目标刚度矩阵;

　　　X、$\dot{X}$、$\ddot{X}$——LSR 中心点的实际位置、速度、加速度;

　　　X_d、$\dot{X}_d$、$\ddot{X}_d$——LSR 中心点的期望位置、速度、加速度;

　　　F——LSR 与被动对接环间实际碰撞力矢量。

根据式(4.2)的第三式,目标阻抗为

$$Z = -\frac{F}{X_d(s) - X(s)} = M_d s^2 + B_d s + K_d \tag{4.3}$$

目标导纳可以表示为

$$H(s) = -\frac{1}{Z(s)} = \frac{1}{M_d s^2 + B_d s + K_d} \tag{4.4}$$

工业中使用的阻抗控制方法通常包括三类:以力为基础的阻抗控制(force based impedance control,FBIC)、以位置为基础的阻抗控制(position based impedance control,PBIC)和以速度为基础的阻抗控制(velocity based impedance control, VBIC)。通常工业生产中应用最广的是前两种控制方式。

4.2.1　基于力的阻抗控制

以力为基础的阻抗控制应用于 LIDM 系统时,其控制原理如图 4.2 所示,包含内环的力控制与外环的阻抗控制。阻抗控制系统的外环根据实际位移与期望位移的偏差通过阻抗控制器计算出达到期望状态所需的期望作用力,之后通过系统内环的力控制器完成 LIDM 捕获系统与被动对接环之间的碰撞力控制,得以跟踪期望力。

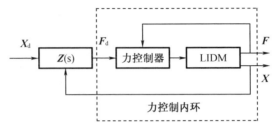

图 4.2 基于力的阻抗控制

基于力的 LIDM 阻抗控制的基本思想是,通过控制其驱动臂系统来满足系统所受碰撞力与期望阻抗力的一致[125]。在基于力的 LIDM 阻抗控制中,可以依靠驱动臂中的位置传感器实时测量驱动臂的长度,之后通过运动学正解计算出 LSR 中心点的实际位置 X,最后将实际位置 X 与期望位置 X_d 的差代入式(4.5)计算出 LIDM 的期望力 F_d,即

$$F_d = M_d(\ddot{X} - \ddot{X}_d) + B_d(\dot{X} - \dot{X}_d) + K_d(X - X_d) \tag{4.5}$$

显然,如果驱动臂系统能够提供等效后的空间驱动力 F_q,使得 $F_q = -F_d$,则式(4.5)与式(4.2)中的第三式等价,据此能够实现以力为基础的阻抗控制。通过上述分析可以看出,控制系统内环的力控制器在一定程度上影响着力阻抗控制的实际效果。此外阻抗参数的选择是否恰当直接决定了系统的控制性能,参考文献[126-127]详细研究了阻抗参数对力阻抗控制系统的影响规律,只要目标阻抗参数满足式(4.6),就能保证系统的稳定,即

$$\begin{cases} \xi_d = \dfrac{B_d}{2\sqrt{K_d M_d}} \\ \xi_d \geqslant 0.5(\sqrt{k+1} - 1) \\ k = \dfrac{K_e}{K_d} \end{cases} \tag{4.6}$$

式中,K_e——环境刚度;

$\quad\xi_d$——阻尼比;

$\quad k$——刚度比。

通过式(4.6)可以看出,为了保证系统稳定,不但要选择足够大的目标阻尼参数,还要选择一个远低于环境刚度的目标刚度参数。力阻抗控制在大范围的阻抗控制中效果明显[128],但是该控制策略依赖于 LIDM 捕获系统的动力学模型,由于捕获系统动力学模型比较复杂,很难保证参数的精确性,另外在系统运动的整个过程中稳定性并不强[129]。

4.2.2　基于位置的阻抗控制

以位置为基础的阻抗控制应用于 LIDM 时,其控制原理图如图 4.3 所示,包含外环的阻抗控制与内环的位置控制。根据 LIDM 捕获系统与被动对接环碰撞环境,模拟系统之间的实际作用力和目标阻抗参数,外环的阻抗控制器根据阻抗控制方程式(4.2)求得与碰撞力相关的一个位置修正量,与系统的期望位移叠加后作为位置控制内环的输入量,通过改变驱动臂的伸缩量调节 LSR 的位置、姿态,完成对期望碰撞力、期望位移的跟踪,从而实现 LIDM 捕获系统的目标动力学特性。

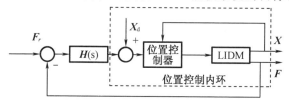

图 4.3　基于位置的阻抗控制原理图

相比于力阻抗控制,工业实践中位置阻抗控制应用更为广泛,其理论发展更为成熟,也具有更加稳定的特性。因此为了将位置阻抗控制更好地应用到实际中,大量的科研工作者一直在进行着相关技术的深入研究[130 - 131]。

在无约束环境中,LIDM 捕获系统属于纯位置控制,不与被动对接环发生任何作用,即 $F = 0$ N,作为一个独立的控制对象。当 LSR 与被动对接环接触后,捕获系统开始受碰撞力约束,此时系统不再是独立的被控对象,而是一个由 LIDM 捕获系统与被动对接环组成的综合动态系统。

当 LIDM 的捕获系统与被动对接环接触时,其 LSR 与被动对接环产生接触力 F,该接触力是由 LSR 与被动对接环接触产生的微小形变,其大小同 LSR 与被动对接环的刚度的形变量有关。因此可以得到如下接触模型

$$\begin{cases} \boldsymbol{F} = \boldsymbol{K}_e(\boldsymbol{X} - \boldsymbol{X}_e) & \boldsymbol{X} \geqslant \boldsymbol{X}_e \\ \boldsymbol{F} = 0 & \boldsymbol{X} < \boldsymbol{X}_e \end{cases} \tag{4.7}$$

式中,$\boldsymbol{K}_e$——由 LIDM 捕获系统的刚度、被动对接环的刚度组成的环境综合刚度;

$\boldsymbol{X}$——LSR 的实际位移;

$\boldsymbol{X}_e$——被动对接环的实际位移。

在基于位置的阻抗控制中,LIDM 捕获系统与被动对接环之间的接触力由六维力/力矩传感器测量得到,把该力/力矩信息反馈给阻抗控制器会得到一个位置修正量 $\Delta\boldsymbol{X}$,该位置修正量满足

$$\boldsymbol{F} = \boldsymbol{M}_d \Delta\ddot{\boldsymbol{X}} + \boldsymbol{B}_d \Delta\dot{\boldsymbol{X}} + \boldsymbol{K}_d \Delta\boldsymbol{X} \tag{4.8}$$

位置修正量在频域的表达式为

$$\Delta X(s) = \frac{F(s)}{M_d s^2 + B_d s + K_d} \tag{4.9}$$

位置控制器的输入量 X_r 等于期望位移 X_d 与位置修正量 ΔX 之和,则得到能够满足目标阻抗方程式(4.2)的位置控制命令

$$X_r = X_d + \Delta X \tag{4.10}$$

LIDM 的捕获过程包含两个运动阶段:

(1)无约束空间 当两航天器达到对接范围后,主动对接机构捕获系统从收缩状态展开到达对接工作位置,这个过程不与被动对接环接触,无接触力,$F = 0$。根据式(4.9)得 $\Delta X = 0$,由式(4.10)得到 $X_r = X_d$。这个阶段,环境作用力为零,阻抗控制器无输出,属于单纯的位置控制。

(2)约束空间 当两航天器接近到一定距离,主动对接机构的 LSR 开始与被动对接环接触,此时位置控制器的命令输入为式(4.10)的 X_r。控制规律式(4.8)~式(4.10)满足式(4.2),因此实现了基于位置的阻抗控制。另外位置阻抗控制的位置决定内环的性能,直接影响着整个 LIDM 捕获系统的控制效果。

4.2.3 基于速度的阻抗控制

力阻抗控制[132-133]和位置阻抗控制[134-135]是工程应用最多的两类阻抗控制。其中基于力的阻抗控制适用于低刚度的操作任务[136]。然而由于用到力反馈和二阶微分的位置反馈信息,导致基于力的阻抗控制稳定性较差。基于位置的阻抗控制其目标的导纳相当于一个实际的二阶滤波器,由于系统中只采用位置传感器,因此控制系统的稳定性较高。工业应用中大多采用的是关节空间的位置阻抗控制,所以该控制策略在工业机器人中能够得以广泛应用。

在 Hogan T 的论文中还提出了第三种阻抗控制,基于速度的阻抗控制,但是其很少应用于工业机器人的控制系统中,也很少见于文献资料。该控制系统的稳定性要比基于位置的阻抗控制稍差,但也具有前两种控制系统所不具备的优点,即不存在对机械系统期望位移、期望轨迹的依赖,而采用期望速度达成任务要求。本节将详细研究基于速度的阻抗控制策略。

通过研究 LIDM 捕获过程的特性可以了解到,由于导航制导系统、测量系统存在误差,使得对接机构在对接开始之前存在一定范围内的随机误差。如果采用基于位置的阻抗控制,在线实时计算捕获系统的期望位移和期望轨迹,将大大增加计算量延长对接的进程,导致两对接机构之间的碰撞力过大。另外通过研究 LIDM 的捕获特性可以看出,捕获过程的理想状态是:当两对接机构之间无接触力($F = 0$)时,两航天器的最佳运动状态相对静止($V = V_e = 0$);当两对接机构之间存在接触力($F \neq 0$)时,两对接机构的运动状态是主动 LIDM 的捕获系统跟随被动对接环的速度($V = V_e$)。

基于速度的阻抗控制包含内环的速度控制和外环的阻抗控制[137]。LIDM 捕获系统与被动对接环间的碰撞力通过阻抗控制器产生一个速度的修正量,与期望速度叠加后作为控制信号输入速度控制器,从而使 LSR 的实际速度跟踪被动对接环的速度,实现 LIDM 的柔性捕获目标。

根据式(4.2)类比推导出速度阻抗控制的目标阻抗方程为

$$M_{\mathrm{d}}(\dot{V} - \dot{V}_{\mathrm{d}}) + B_{\mathrm{d}}(V - V_{\mathrm{d}}) + K_{\mathrm{d}}\int(V - V_{\mathrm{d}})\mathrm{d}t = -F \qquad (4.11)$$

速度阻抗函数关系在频域中表示为

$$\Delta V = \frac{-F(s)s}{M_{\mathrm{d}}s^2 + B_{\mathrm{d}}s + K_{\mathrm{d}}s} \qquad (4.12)$$

其中

$$\Delta V = V - V_{\mathrm{d}} \qquad (4.13)$$

式中,M_{d}、B_{d}、K_{d}——目标惯性矩阵、目标阻尼矩阵、目标刚度矩阵;

V、$\dot{V}$——LSR 中心点的实际速度、加速度;

V_{d}、$\dot{V}_{\mathrm{d}}$——期望速度、期望加速度;

F——LSR 与被动对接环间的碰撞力矢量;

ΔV——速度修正量。

根据式(4.13)构建速度阻抗控制补偿器,如图4.4 所示。

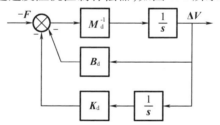

图 4.4　速度阻抗控制器结构图

为了达到精确力跟踪的目的,在阻抗控制中一些学者引入了力误差信号 $E = F_{\mathrm{r}} - F$ 作为阻抗控制器的输入信号。这里采用相同的方式,由式(4.12)可得

$$\Delta V = \frac{E(s)s}{M_{\mathrm{d}}s^2 + B_{\mathrm{d}}s + K_{\mathrm{d}}s} \qquad (4.14)$$

对比位置阻抗控制的位置修正量表达式与速度阻抗控制的速度修正量表达式,可以发现速度修正量在频域内多了一个零值点,所以其稳定性要弱于位置阻抗控制。为了便于计算,M_{d}、B_{d}、K_{d} 通常选为对角矩阵,所以式(4.14)就像附加了一个零值点的二阶低通滤波器,对力误差 E 进行滤波,得到速度的修正量 ΔV。速度修正量再与期望速度 V_{d} 相加,便得到速度输入量

$$V_{\mathrm{r}} = V_{\mathrm{d}} + \Delta V \qquad (4.15)$$

在主动对接机构的 LSR 与被动对接环发生接触之前,其在自由空间无约束运动不发生接触,即 $F = 0$,此时若令 $F_r = 0$,由式(4.14)、式(4.15)得到 $V_r = V_d$,LSR 的速度跟随期望速度运动。当 LSR 与被动对接环接触后,假设速度控制器足够精确,即 $V_r = V$,那么 $\Delta V = V - V_d$,与式(4.15)一致。这表明速度阻抗控制可用同一方法研究无约束运动和受限运动的控制问题,这是速度阻抗控制的一个突出特点。

采用上述的阻抗关系,LIDM 捕获系统的速度阻抗柔顺控制系统的框图如图 4.5 所示,V_d 为规划生成的期望速度,LSR 与被动对接环碰撞力 F 与期望的接触作用力 F_r 相减后经过阻抗滤波器 $H(s)$,获得速度修正量 ΔV,ΔV 与期望速度相加得到相对于广义坐标系的速度输入量 V_r。V_r 与速度雅可比矩阵相乘得到驱动臂的速度控制量,最终由速度控制器控制驱动臂的运动完成 LSR 的顺应动作。

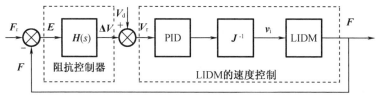

图 4.5 基于速度的阻抗柔顺控制系统框图

4.3 期望阻抗参数的选取准则

无论采用哪一种控制方式实现阻抗控制,目标阻抗参数的选择对对接系统都起着至关重要的作用。目标阻抗参数不仅反映任务需求,而且还要满足捕获系统的参数设置,该参数的选择要使捕获系统动力学和碰撞动力学相互依赖。对于一个刚性机械系统来讲,多数学者只是通过选择合适的阻抗参数来完成系统的力柔顺控制。为满足任务需求,通常只为刚性机械系统直接选取一组合适的 M、K 和 B 参数,所选的阻抗参数在系统可实现范围内就可确保系统末端的阻抗满足要求。

于登云在文献[21]提出了如何正确选择刚性机械系统阻抗参数的理论,指出如果目标阻抗参数与环境的阻抗参数相等,机构末端对环境作用的传递功率达到最大;如果机构的期望阻抗与环境导纳参数相等,则系统运动和接触偏差会达到最小。依据对偶原理可知[138],把 LIDM 捕获系统作为环境的一个被控制端口,可以完成对接环境三种低阶模型的定义:惯性模型,$|Z| = 0$;阻性模型,$|Z| = C$,$0 < C < \infty$;容性模型,$|Z| = \infty$。按照双向原理的表述,LIDM 捕获系统作为环境的一个被控端口,即容性的一端是惯性,反之亦然。阻性是双端的,可以利用某常数阻抗来控制力或速度。然而在工业应用中需要传递最大功率的任务很少,通常只是期望得到精确的位置(速度)或作用力,一般会利用一个函数将力和位置(速度)的误差最小化。Hogan T 指出,环境的导纳与机器系统的阻抗成反比,阻抗与导纳

互为倒数。这个关系物理意义直观,例如当环境刚度较大时,机器系统就应具有较强的柔性。

目标惯量、阻尼及刚度是阻抗控制器 3 个可调控变量。在上节通过推导得到了接触力偏差和速度修正量与这 3 个变量的数学关系。本节将通过仿真研究这 3 个参数对阻抗控制特性的影响。在 Simulink 中搭建阻抗控制器模型,选取不同配比的阻抗参数,分别研究每个阻抗参数对 LIDM 捕获过程中碰撞力与速度修正量的影响,阻抗参数的配比如下:

(1)固定 B_d、K_d,选择不同的 M_d 进行仿真;

(2)固定 M_d、K_d,选择不同的 B_d 进行仿真;

(3)固定 M_d、B_d,选择不同的 K_d 进行仿真。

图 4.6 为在 $B_d = 2\,000$ N/s、$K_d = 200$ N/m 固定不变的条件下,将 M_d 从 1 kg 增加至 10 000 kg 所得到的仿真结果。可以发现随着 M_d 的不断变化,受其影响最明显的性能是系统的反应速率。随着 M_d 的不断增大,捕获系统的响应速率逐渐降低,这将导致接触力的峰值增大。如果 M_d 选取一个较小的值,系统会对接触力做出更为迅速的反应。然而由于 LIDM 捕获系统自身存在惯性,系统响应的加速度过大,会使驱动设备承受很大的负载,对驱动设备的驱动能力要求也更高,因此要根据实际机构末端的惯性参数在合适的范围内调节 M_d 的值。当选择的 M_d 值较大时,系统对接触力的反应较慢,在有效时间内未能达到相应的速度会导致接触力瞬间增大。当 M_d 取 0 kg 时,可能导致捕获系统的速度不稳或其他可能的情况,因此应该选择一个较小值以确保在控制接触力和速度修正量的同时保证系统的稳定。

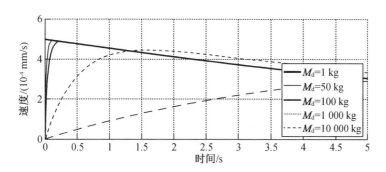

图 4.6　M_d 变化时的阻抗控制器响应

图 4.7 为在 $M_d = 100$ kg、$K_d = 200$ N/m 固定不变的条件下,将 B_d 从 0 N/s 增加至 5 000 N/s 所得到的仿真结果图。可以发现随着 B_d 的不断变化,受其影响最明显的是系统速度修正量的峰值和调节时间。随着 B_d 的不断增大,速度修正量响应的最大幅值逐渐减小,调节时间先减小后增大。当 $B_d = 0$ N/s 时,系统的响应曲

线等效于无阻尼下的自由振荡,调整时间趋近于无穷。另外随着 B_d 不断减小,速度修正量的振荡幅度和调整时间均逐渐增大,从而增加接触力的振荡时间。考虑到实际捕获中 LSR 的速度跟随被动对接环的速度,如果修正速度出现振荡,会导致系统稳定性下降,甚至导致碰撞力的突然大幅度增大,这对于捕获过程来说是不利的。可见目标阻抗参数对接触力的影响具有双面性,因此需要结合实际情况综合考虑。在 LIDM 控制系统中 B_d 可选为 2 000 N/s,系统的响应振荡特性逐渐减弱。

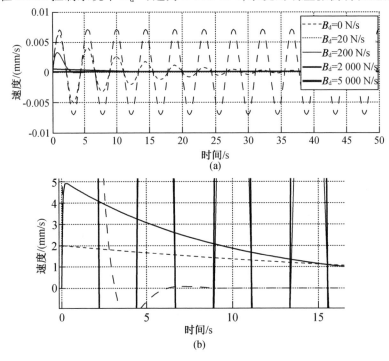

图 4.7　B_d 变化时阻抗控制器响应

图 4.8 是在 $M_d = 100\ kg$、$B_d = 2\ 000\ N/s$ 固定不变的条件下,将 K_d 从 0 N/m 增加至 1 000 N/m 所得到的仿真结果图。可以发现随着 K_d 的不断变化,受其影响最明显的是系统速度修正量达到峰值后的衰减量。随着 K_d 的逐渐增大,速度修正量达到峰值后的衰减量逐渐增加,衰减速度也随之增加。$K_d = 0\ N/m$ 时,速度修正量达到峰值后无衰减。

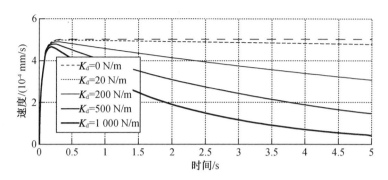

图 4.8 K_d 变化时阻抗控制器响应

综上所述，M_d 对于碰撞力的稳定值影响不大，但会影响捕获系统的反应速度，如果系统的反应速度过慢，则无法及时完成速度调整，导致碰撞力快速增大。根据工程经验，M_d 为 0 kg 会导致系统不稳定，因此将 M_d 的值选取为 10～100 kg 范围内。B_d 对于碰撞力的最大值与调节时间有着明显的影响，对碰撞力的振荡特性也有影响，根据图 4.7 中的仿真结果来看，当 B_d 取 2 000 N/s 时比较合适。K_d 对于碰撞力的稳态值有直接影响，当 K_d 为 0 N/m 时，响应无衰减，但是考虑到实际捕获过程中 LSR 与被动对接环始终保持接触，有利于碰撞力的控制，所以响应存在一定的衰减更有利于完成捕获，因此取 $K_d > 0$ N/m。针对 LIDM 对接过程中不同阶段不同方向的控制要求，可以利用以上的规则选出不同的目标参数。

4.4 阻抗控制中的误差分析

为了研究 LIDM 捕获系统基于速度的阻抗柔顺控制，本节将对阻抗控制下捕获过程的稳态误差进行分析。简化起见，首先只考虑一个方向，则式(4.11)可写为

$$\boldsymbol{m}_d(\dot{v} - \dot{v}_d) + \boldsymbol{b}_d(v - v_d) + \boldsymbol{k}_d(x - x_d) = -f \qquad (4.16)$$

其中

$$v = \dot{x}, v_d = \dot{x}_d$$

式中，$\boldsymbol{m}_d$、$\boldsymbol{b}_d$、$\boldsymbol{k}_d$——目标惯性矩阵、目标阻尼矩阵、目标刚度矩阵；

v、$\dot{v}$——实际速度、实际加速度；

v_d、$\dot{v}_d$——期望速度、期望加速度；

x、x_d——实际位移、期望位移；

f——LSR 与被动对接环间的碰撞力。

两载有 LIDM 的航天器对接过程中，其相对速度可看作一常量，即 $\dot{v}_d = 0$，所以可得到

$$\boldsymbol{m}_d\,\dot{v} + \boldsymbol{b}_d(v - v_d) + \boldsymbol{k}_d(x - x_d) = -f \qquad (4.17)$$

在某一瞬时得到一持续的接触力 f,则 LSR 的期望位移 x_d 与被动对接环的实际位移 x_e 可以视为同一常数,即 $x_e = x_d$。本书采用常用的环境模型公式[139]

$$f = k_e(x - x_e) \rightarrow x = \frac{f}{k_e} + x_e \rightarrow \dot{x} = \frac{\dot{f}}{k_e} + \dot{x}_e = v \qquad (4.18)$$

其中

$$e = f_r - f$$

式中,k_e——环境刚度;

x_e、$\dot{x}_e$——被动对接环的实际位移、实际速度;

e——参考力与实际力的差。

将式(4.18)代入式(4.17)得

$$\boldsymbol{m}_d(\ddot{f}_r - \ddot{e}) + \boldsymbol{b}_d(\dot{f}_r - \dot{e}) + \boldsymbol{k}_d(f_r - e) = k_e\boldsymbol{b}_d(v_d - \dot{x}_e) + f(e - f_r) \qquad (4.19)$$

当系统达到稳态时,式(4.19)可以表示为

$$\boldsymbol{m}_d\ddot{f}_r + \boldsymbol{b}_d\dot{f}_r + \boldsymbol{k}_d(f_r - e) = k_e\boldsymbol{b}_d(v_d - \dot{x}_e) + f(e - f_r) \qquad (4.20)$$

稳态误差为

$$e_{ss} = f_r - \frac{k_e\boldsymbol{b}_d}{k_e + \boldsymbol{b}_d}(v_d - \dot{x}_e) \qquad (4.21)$$

$$f_{ss} = \frac{k_e\boldsymbol{b}_d}{k_e + \boldsymbol{b}_d}(v_d - \dot{x}_e) \qquad (4.22)$$

如果存在速度修正策略 $v_d = \dfrac{f_r}{k_{eq}} + \dot{x}_e$,则 $f_{ss} \rightarrow f_r$,$e_{ss} \rightarrow 0$,其中 $k_{eq} = \dfrac{k_e\boldsymbol{b}_d}{\boldsymbol{k}_d + k_e}$。

所以要实现 LIDM 捕获系统跟随期望接触力,就要满足 $v_d = \dfrac{f_r}{k_{eq}} + \dot{x}_e$,然而 k_{eq} 为未知量,且在捕获系统实际运动中难以测量。

4.5　单轴驱动臂基于速度阻抗控制的研究

4.5.1　PID 控制器

在实际的工程应用中,比例 – 积分 – 微分控制(简称"PID 控制")应用最为广泛[140-141]。PID 控制器产生于 20 世纪中叶,结构简单、可靠性高,因其未定型性能好,便于调节,在工业控制系统中是一种可靠的技术,并一直占据着重要的地位。PID 控制器在被控制对象结构、环境参数等无法完全掌握或者数学模型难以获得的场合使用最为方便,因为在这些情况下,其他控制技术难以适用,而且需要依靠经验通过现场调试来确定。也就是说,当无法完全获知一个系统及其环境情况时,通过测量手段也无法获得有效的系统参数时,便最适合采用 PID 控制[142]。本书引

入 PID 控制器,主要是由于驱动臂的结构和参数没有确定值,另外是为了调整驱动臂的速度输入来完成系统的阻抗柔顺控制。

PID 控制器由比例控制、积分控制、微分控制三部分组成,实际的工程应用中也可以采用 PI 和 PD 控制,但必须包含比例控制。本书中的 PID 控制器,如图 4.9 所示,通过比例、积分和微分计算的线性组合将误差 $e(t)$ 转换为控制量对驱动臂进行控制。其控制规律为

$$u(t) = K_\mathrm{P}\Big[e(t) + \frac{1}{T_\mathrm{i}}\int_0^t e(t)\mathrm{d}t + T_\mathrm{d}\frac{\mathrm{d}e(t)}{\mathrm{d}t}\Big] \tag{4.23}$$

或者可以表示为传递函数的形式

$$G(s) = \frac{u(s)}{e(s)} = K_\mathrm{P}\big(1 + \frac{1}{T_\mathrm{i}s} + T_\mathrm{d}s\big) \tag{4.24}$$

式中,K_p——比例控制系数;

　　　T_i——积分控制时间常数;

　　　T_d——微分控制时间常数。

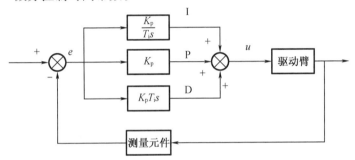

图 4.9　PID 控制器方框图

(1)比例控制的作用:比例控制通过比例增益反映系统偏差,只要系统存在偏差,比例控制能够立即通过调节减少偏差。比例增益越大,作用越大,调节越快,但比例过大,会降低系统的稳定性甚至引起系统不稳。

(2)积分控制的作用:积分环节通过积分消除系统稳态误差,系统只要存在误差,积分调节就不会停止直至系统无误差,积分环节的输出量通常是一常数值。积分时间常数 T_i 直接决定了积分控制作用的强弱,积分常数越小,作用越强;与之相反,积分常数越大,则作用越弱。系统中加入积分控制会降低系统的稳定性,减慢系统的动态响应。

(3)微分控制的作用:微分控制环节反映的是偏差的变化率,能够预测偏差的变化趋势,具有超前控制的效果,将偏差消除在其形成之前,能够很好地改变系统的动态特性。微分时间常数 T_d 也直接决定着其控制效果,选择一个合适的微分常数,能够减小超调量,缩短调节时间。噪声等干扰对微分作用影响很大,微分控制

会放大噪声干扰,过强的微分控制会降低系统的抗干扰性能。微分反映的是偏差变化率,当系统的输入没有变化时,微分控制不起作用,所以微分控制不能单独使用,需与其他控制规律相配合。

设计 PID 控制器时,只需设定 K_p、T_i 和 T_d 3 个时间常数即可。在一些工程应用中,控制器没有必要一定包含 3 个单元,可以根据情况只选其中的一或两个,其中比例控制是必选的。在本书的驱动臂伺服系统中,利用 PID 控制消除各种原因产生的偏差,使驱动臂的速度输入满足力柔顺控制的需求。

4.5.2　驱动臂仿真模型的建立

为了验证速度阻抗控制算法的有效性与可行性,本节以 LIDM 单轴驱动臂为例研究其力柔顺控制。在本节中,假设一物体以恒定速度 v_e 撞向只能沿其轴向运动的驱动臂,简化模型如图 4.10 所示,驱动臂没有附加缓冲系统,阻抗控制的目的就是最大限度地降低物体与驱动臂之间的碰撞力,从而达到低冲击的效果。

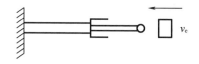

图 4.10　驱动臂简化图

将速度阻抗控制器加入驱动臂的控制系统中,根据式(4.14)建立驱动臂单轴方向的力柔顺控制方案,便可以得到如图 4.11 所示的驱动臂基于速度的阻抗柔顺控制系统框图。该控制系统由三部分组成:固定参数的阻抗控制器,PID 控制器,驱动臂动力学虚拟系统。

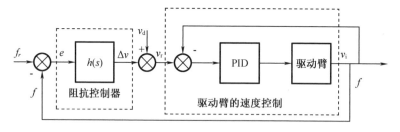

图 4.11　驱动臂基于速度的阻抗柔顺控制系统框图

在 ADAMS 中建立驱动臂的虚拟模型,然后通过 ADAMS 的 control 模块将模型数据导入 Matlab 的 Simulink,之后采用 Simulink 搭建控制系统模型驱动臂速度阻抗控制仿真图如图 4.12 所示,包含阻抗控制器、ADAMS 驱动臂模型、期望力、期望速度、PID 控制器等模块。将两软件的数据联系起来建立完整的联合仿真方案,完成力柔顺系统控制下的虚拟仿真。

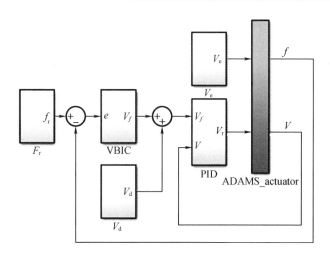

图 4.12　驱动臂速度阻抗控制仿真图

4.5.3　驱动臂柔顺控制仿真研究

驱动臂是 LIDM 捕获系统的驱动设备,是实现低冲击对接的基础,因此研究速度阻抗控制对驱动臂的控制性能对于进一步研究整个捕获系统的力柔顺控制意义重大。目标阻抗与 PID 参数如表 4.1 所示,物体撞击驱动臂的速度如图 4.13。

表 4.1　控制器参数

参　　数	数　　值	参　　数	数　　值
M_d/kg	100	K_p	1 000
$B_d/(\text{N/s})$	2 000	T_i	100
$K_d/(\text{N/m})$	200	T_d	0.01

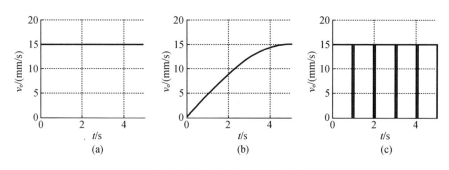

图 4.13　物体的移动速度曲线

(a)阶跃函数;(b)1/4 正弦函数;(c)脉冲函数

图 4.14 与图 4.15 为物体以恒定速度 $v_e = 15$ mm/s 撞向驱动臂的碰撞力曲线与速度跟随曲线。由图 4.14 可以看出,物体在 0.4 s 左右与驱动臂接触,控制过程中的最大碰撞力发生在物体与驱动臂初次接触时,最大碰撞力约 220 N,碰撞力经过快速的振荡调节逐渐稳定后,持续减弱,最终维持在 100 N 以下。由图 4.15 可以看出,驱动臂的运动速度在最初接触时经过快速振荡调节后能够准确跟踪物体的速度。

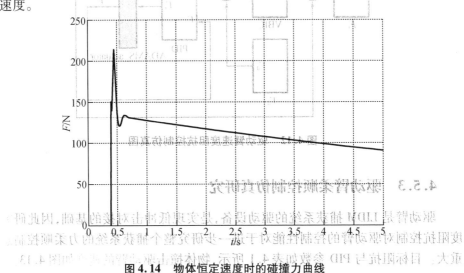

图 4.14　物体恒定速度时的碰撞力曲线

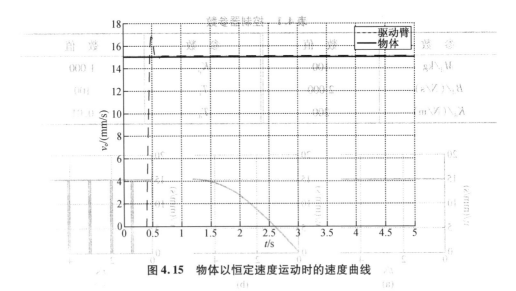

图 4.15　物体以恒定速度运动时的速度曲线

图 4.16 与图 4.17 为物体以 1/4 周期正弦速度曲线 $v_e = 15\sin(\pi/10\,t)$ mm/s 撞向驱动臂的碰撞力曲线与速度跟随曲线。由图 4.16 可以看出,物体在 1.6 s 左右与驱动臂接触,在柔顺控制过程中,碰撞力振荡情况只出现在物体与驱动臂初次

接触时。系统稳定后,接触力随着物体速度的增加而增加,当速度的增加速率减弱后,接触力又出现了减弱趋势,碰撞过程中的最大碰撞力约为 110 N。由图 4.17 可以看出,驱动臂的运动速度在最初接触时经过快速小幅度的振荡调节就能够准确跟踪物体的速度。

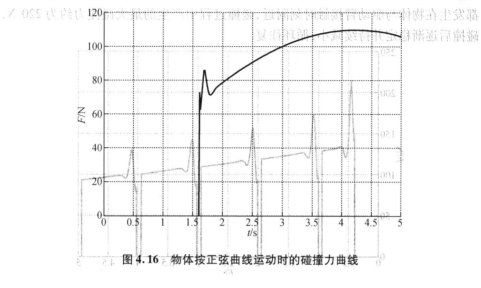

图 4.16　物体按正弦曲线运动时的碰撞力曲线

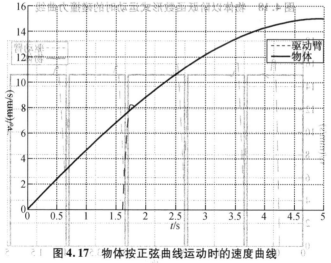

图 4.17　物体按正弦曲线运动时的速度曲线

图 4.18 与图 4.19 为物体以脉冲速度曲线撞向驱动臂的碰撞力曲线与速度跟踪曲线。由两图可以看出,物体与驱动臂分别在 0.4 s、1 s、2 s、3 s、4 s、5 s 碰撞,每当物体的速度变为零时,驱动臂由于控制系统存在的惯性继续移动,不会立即变为零,所以就出现了物体与驱动臂分离的现象。由图 4.19 还可以看出,控制系统的

惯性会发生累积,每次分离后速度的衰减量都会减少,从而导致物体与驱动臂碰撞时的相对速度逐渐减小,这就能够解释图 4.18 中碰撞力随着碰撞次数的增加而逐渐减小的现象。此外驱动臂运动速度的超调量也随着碰撞次数的增加而减小,并且能够快速跟踪物体的速度。由图 4.18 还可以看出,碰撞力出现超调、振荡调节都发生在物体与驱动臂接触时刻附近,碰撞过程中产生的最大碰撞力约为 220 N,碰撞后逐渐稳定并持续减小,循环往复。

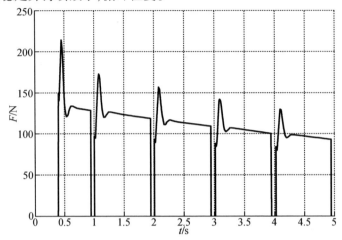

图 4.18　物体以阶跃函数形式运动时的碰撞力曲线

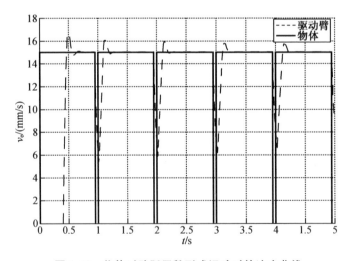

图 4.19　物体以阶跃函数形式运动时的速度曲线

综上所述,基于速度的阻抗控制能够满足单轴驱动臂的低冲击碰撞需求,能够快速调节驱动臂的速度来跟踪物体的运动,并保证较小的碰撞力。本节介绍的阻抗控制系统在控制过程中会存在惯性累积的现象,但这种累积对整个碰撞过程没有负面影响,反而达到了持续减小接触力的效果。控制系统主要用于缓冲接触力增加方向的碰撞力,而不考虑力减小方向的柔顺控制,所以出现驱动臂与物体接触面的分离现象是正常的。

4.6　LIDM 捕获过程柔顺控制的研究

4.6.1　LIDM 捕获系统仿真模型建立

LIDM 捕获系统具有 6 个自由度,包含 3 个移动自由度和 3 个转动自由度。捕获系统的 LSR 在轴向不同的截面具有不同的工作空间区域,所以为了保证对接机构在整个捕获过程中始终处于工作空间之内,LIDM 的柔顺控制系统不包含轴向的转动,从而确保 LSR 的中心点始终处于工作空间同一截面内。因此 LIDM 的柔顺控制只包含 3 个转动和两个横向移动,共 5 个自由度方向。

根据式(4.14)建立 LIDM 捕获系统 5 个方向的力柔顺控制方案,便可以得到如图 4.20 所示的 LIDM 控制系统框图。该控制系统包含期望力模块、期望速度模块、阻抗控制模块、速度变换模块、运动学正解模块、控制律模块等。

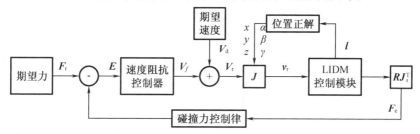

图 4.20　LIDM 控制系统的组成

在 ADAMS 中建立 LIDM 捕获系统及被动对接环的三维模型,如图 4.21 所示。

图 4.21　ADAMS 中的 LIDM 捕获系统及被动对接环三维模型

由于柔顺控制系统的控制对象是捕获系统,所以为了便于建模和仿真,忽略了航天器和 LIDM 其他机构的建模。另外为了计算方便,y 轴沿 LIDM 的轴线指向 LSR,x 轴和 z 轴位于与基座平行的面内。

采用上节所述驱动臂的处理方法,通过 ADAMS 的 control 模块将三维模型转换为 Simulink 中的控制模块,如图 4.22 所示,其中 v_1,v_2,v_3,v_4,v_5,v_6 表示 6 个驱动臂的驱动速度输入量,V_e 表示被动对接环的相对移动速度,α,β,γ,x,y,z 表示 LSR 的姿态和位置,f_1,f_2,f_3,f_4,f_5,f_6 表示 LSR 上 6 个力传感器的测量值。然后在 Simulink 中搭建 LIDM 捕获系统的仿真系统结构图,如图 4.23 所示。

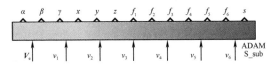

图 4.22　LIDM 在 MATLAB 中的控制模块

4.6.2　碰撞力的控制律

碰撞力的控制律是指对力传感器反馈的接触力信息进行限制、滤波等规范计算,从而达到规划阻抗控制器接触力输入信息的效果,使控制器能够按照设定的力接触曲线完成阻抗控制,从而使速度修正量更符合实际情况。

参照图 4.20 和图 4.23 可以发现,如果没有控制律模块,LSR 上的力传感器信息只经过简单计算就直接输入阻抗控制器,而因此产生的速度修正量也直接用来完成对 LSR 位置与姿态调节的柔顺控制中。只要力传感器有非零信息反馈,LIDM 捕获系统就会有相应的动作,这个过程中没有对力信号的处理,这种控制方式容易使捕获系统出现抖动,对系统的稳定性是非常不利的。如力传感器容易受到噪声、电磁等干扰的影响,使得传感器产生一个幅值较小且持续振荡的信号,如果不进行处理,会造成无接触的情况下,捕获系统的抖动。

另一方面,从图 4.20 和图 4.23 还可以发现,力传感器反馈的是主动对接机构 LSR 与被动对接环接触时的力和力矩信息。如果缺少碰撞力的控制律,阻抗控制器对五个方向的柔顺控制是均等的,这也就造成了对接过程中运动轨迹的完全随机和不可控性,这种情况不利于完成捕获,因此无法找到一个衡量标准来评价捕获过程的优劣。所以指定一种可行的碰撞力控制规律作为一种实用方法在一定程度上影响捕获过程的轨迹,能够更好地完成柔顺捕获任务。

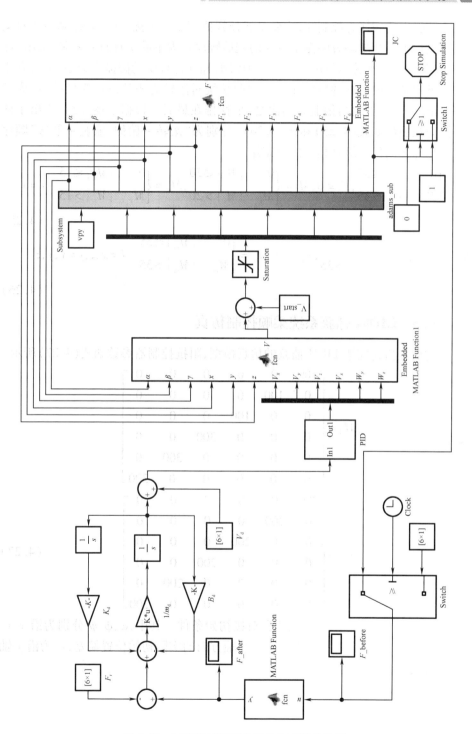

图 4.23 LIDM 捕获系统的仿真系统结构图

本节引入的碰撞力控制律,主要是滤掉幅值较小的干扰,并规划控制系统对柔顺捕获过程中五个随动方向做出响应的先后顺序。大量的仿真研究表明,采用"滚转 – 俯仰/偏航 – 平移"顺序完成力柔顺控制,捕获过程中的碰撞力最小,更有利于捕获任务顺利完成。这种控制律使得控制系统对滚转力矩信息最为敏感,优先控制等级最高,俯仰方向与偏航方向次之,平移排在最后。根据上述介绍,给出了两组碰撞力控制律如式(4.25)和式(4.26),分别为"滚转 – 俯仰/偏航 – 平移"顺序的控制律和各向优先级别相同的控制律

$$F_i = \begin{cases} 0 & |F_i| \leq 35 \\ F_i & |F_i| > 35 \end{cases}, F_y \equiv 0, M_i = \begin{cases} 0 & |M_i| \leq 20 \\ M_i & |M_i| > 20 \end{cases}, M_y = \begin{cases} 0 & |M_y| \leq 15 \\ M_y & |M_y| > 15 \end{cases} \quad i = x, z$$
$$(4.25)$$

$$F_{ei} = \begin{cases} 0 & |F_{ei}| \leq 35 \\ F_{ei} & |F_{ei}| > 35 \end{cases}, F_{ey} \equiv 0, M_{ej} = \begin{cases} 0 & |M_{ej}| \leq 35 \\ M_{ej} & |M_{ej}| > 35 \end{cases} \quad i = x, z; j = x, y, z$$
$$(4.26)$$

4.6.3 LIDM 捕获系统柔顺控制仿真

上述已经搭建完毕 LIDM 捕获的仿真模型,阻抗控制器参数如式(4.27)所示

$$M_d = \begin{bmatrix} 100 & 0 & 0 & 0 & 0 & 0 \\ 0 & 100 & 0 & 0 & 0 & 0 \\ 0 & 0 & 100 & 0 & 0 & 0 \\ 0 & 0 & 0 & 300 & 0 & 0 \\ 0 & 0 & 0 & 0 & 300 & 0 \\ 0 & 0 & 0 & 0 & 0 & 300 \end{bmatrix}$$

$$K_d = \begin{bmatrix} 200 & 0 & 0 & 0 & 0 & 0 \\ 0 & 200 & 0 & 0 & 0 & 0 \\ 0 & 0 & 200 & 0 & 0 & 0 \\ 0 & 0 & 0 & 200 & 0 & 0 \\ 0 & 0 & 0 & 0 & 200 & 0 \\ 0 & 0 & 0 & 0 & 0 & 200 \end{bmatrix} \quad (4.27)$$

表4.2 给出了要进行仿真的 4 种对接初始条件。其中,φ、ϕ、ψ 分别为沿 x、y、z 轴方向的初始偏差角度;X_e、Z_e 为在 x、z 轴方向的实际初始位置偏差,V_j 为沿 y 轴的接近速度。

表 4.2　LIDM 的对接初始条件

工况	$\varphi/(°)$	$\phi/(°)$	$\Psi/(°)$	X_e/mm	Z_e/mm	$V_j/(\text{mm/s})$
1	0	0	0	100	0	10
2	0	0	20	0	0	10
3	0	10	0	0	0	10
4	5	5	5	100	100	10

　　图 4.24 与图 4.25 为工况 1 的仿真结果,从图中可以看出,两对接机构初始接触的时间在 27 s,最大碰撞力发生在 y 轴方向,且不超过 150 N,最大碰撞力矩沿 z 轴方向,不超过 60 N·m。图 4.26 与图 4.27 分别为 LSR 位移曲线与转动曲线,对比表 4.2 工况 1 的初始对接条件可以发现,LSR 的位移与转动量都与初始对接条件吻合,能够使 LSR 与被动对接环完成面接触。从图中还可以发现,为了缓冲因 x 轴偏差产生的碰撞力,沿 z 轴负方向产生了一个相应的转动之后又转回原位。

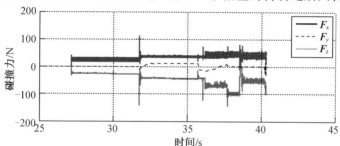

图 4.24　控制律式(4.25)时,工况 1 的碰撞力曲线

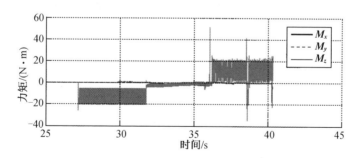

图 4.25　控制律式(4.25)时,工况 1 的碰撞力矩曲线

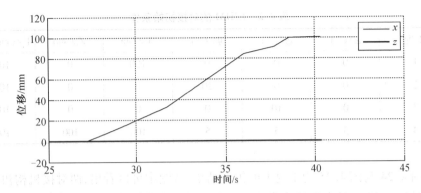

图 4.26 控制律式(4.25)时,工况 1 中 LSR 的位移曲线

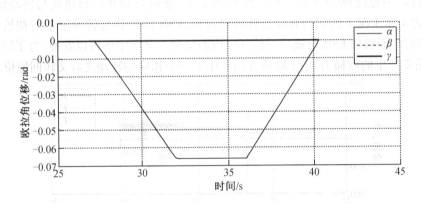

图 4.27 控制律式(4.25)时,工况 1 中 LSR 欧拉角位移

图 4.28 与图 4.29 为工况 2 的仿真结果,从图中可以看出,两对接机构初始接触的时间在 19 s,最大碰撞力发生在 y 轴方向,且不超过 160 N,最大碰撞力矩沿 y 轴方向,不超过 100 N·m。图 4.30 与图 4.31 为工况 3 的仿真结果,从图中可以看出,两对接机构初始接触的时间在 27 s,最大碰撞力发生在 y 轴方向,且不超过 150 N,最大碰撞力矩沿 z 轴方向,不超过 40 N·m。

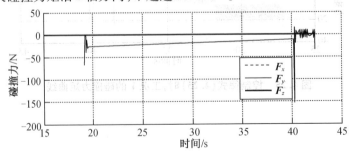

图 4.28 控制律式(4.25)时,工况 2 的碰撞力曲线

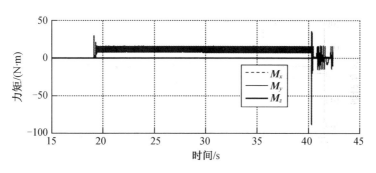

图 4.29 控制律式(4.25)时,工况 2 的碰撞力矩曲线

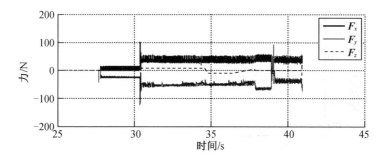

图 4.30 控制律式(4.25)时,工况 3 的碰撞力曲线

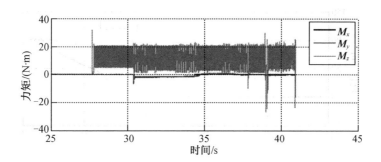

图 4.31 控制律式(4.25)时,工况 3 的碰撞力矩曲线

图 4.32 ~ 图 4.36 为工况 4 的仿真结果。从图 4.32 与图 4.33 中可以看出,两对接机构初始接触的时间在 16 s,最大碰撞力发生在 y 轴方向,且不超过 250 N,最大碰撞力矩沿 y 轴方向,不超过 150 N·m。图 4.34 与图 4.35 分别为 LSR 位移曲线与转动曲线,对比表 4.2 工况 4 的初始对接条件可以发现,LSR 的位移与转动量都与初始对接条件吻合,能够使 LSR 与被动对接环完成面接触。图 4.36 为 LIDM 捕获系统与被动对接环柔顺对接过程的仿真截图,从图中可以看出,LIDM 捕获系统不断根据力信息调整 LSR 的位置、姿态,避免发生较大冲击力的碰撞。

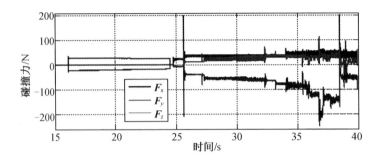

图 4.32 控制律式(4.25)时,工况 4 的碰撞力曲线

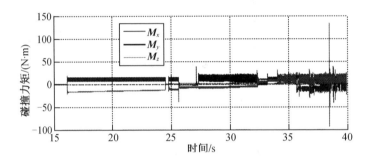

图 4.33 控制律式(4.25)时,工况 4 的碰撞力矩曲线

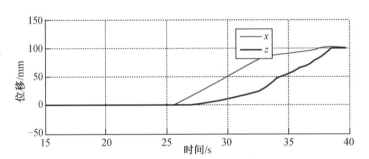

图 4.34 控制律式(4.25)时,工况 4 中 LSR 的位移曲线

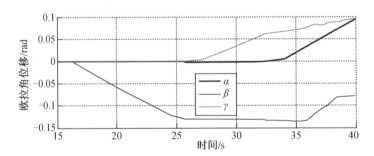

图 4.35 控制律式(4.25)时,工况 4 中 LSR 的欧拉角位移

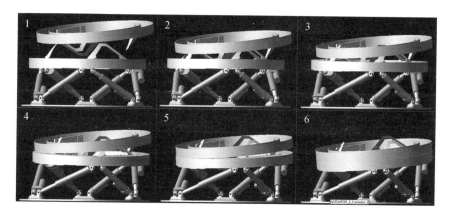

图 4.36　LIDM 的捕获过程

图 4.37～图 4.40 是采用控制律式(4.26)时,工况 4 的仿真结果。从图 4.37 与图 4.38 中可以看出,两对接机构初始接触的时间在 16 s,最大碰撞力沿 y 轴方向,且大于 4 000 N,最大碰撞力矩沿 z 轴方向,低于 400 N·m。另外,可以发现在整个对接过程中碰撞力和力矩基本上都维持在一个较小的范围内,只是在某一时刻出现了力和力矩的急剧增大,这是由于对接过程中 LSR 与被动对接环接触面是不断移动变化的,在控制律式(4.26)的控制下,不能顺利完成接触面过渡引起的。图 4.39 与图 4.40 分别为 LSR 位移曲线与转动曲线,对比表 4.2 工况 4 的初始对接条件,LSR 的位移与转动量都与初始对接条件吻合,能够使 LSR 与被动对接环完成面接触。

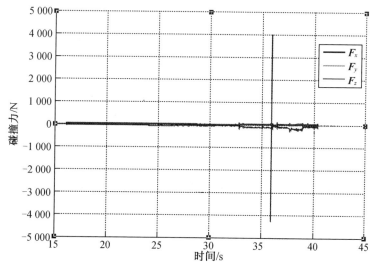

图 4.37　控制律式(4.26)时,工况 4 的碰撞力曲线

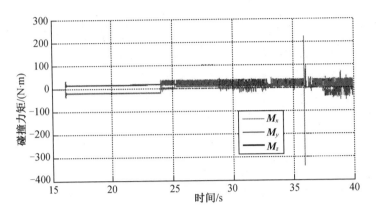

图 4.38　控制律式(4.26)时,工况 4 的碰撞力矩曲线

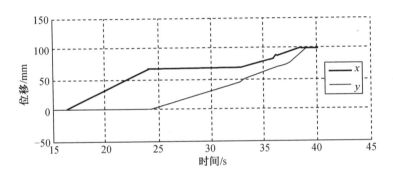

图 4.39　控制律式(4.26)时,工况 4 中 LSR 的位移曲线

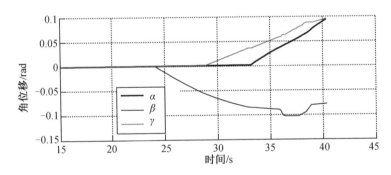

图 4.40　控制律式(4.26)时,工况 4 中 LSR 的角位移曲线

对比控制律式(4.25)与式(4.26)控制下阻抗控制系统的仿真结果可以发现,两种控制律都能完成 LIDM 捕获系统与被动对接环的柔顺捕获,但对比图 4.32 与图 4.37 可以发现,由于后者对 5 个方向的随动控制次序没有规划,在捕获过程中因某些接触面的改变而无法顺利平滑过渡,导致出现急剧增大的碰撞力,比控制律式(4.25)的仿真结果高出一个量级。另外通过对比 LSR 的位移与转动角度可以

发现,当控制律对 5 个方向随动控制的先后次序存在合理的规划时,LSR 的位移曲线与转动曲线相对平滑,有利于对接任务的完成。

综上所述,基于速度的阻抗控制满足 LIDM 的弱冲击对接要求,能够完成随机初始对接条件下,无对接轨迹规划的柔顺捕获,并将力和力矩分别控制在 450 N 与 450 N·m 以下。另外由于对接初始条件的随机性,无法实时计算理想的运动轨迹,但是可以通过设定碰撞力的控制律在一定程度上约束 LIDM 捕获过程中的运动轨迹,从而使整个捕获过程更接近理想的状态。

第 5 章　LIDM 的自适应阻抗控制

5.1　概　　述

LIDM 基于速度的阻抗控制间接地控制 LSR 末端与被动对接环之间的作用力与相对速度,其设计思想是建立 LSR 末端作用力与其速度偏差之间的动态关系——阻抗模型,通过控制驱动臂的速度,从而达到控制 LSR 末端作用力的目的。根据第 4 章的研究内容可以发现,其仿真中采用的阻抗参数均为固定参数,即便我们通过选取合适的阻抗参数满足了空间柔性对接的任务需求,但是仍存在着一些比较突出的问题,如 LSR 与被动对接环由于捕获过程中接触面接触类型改变时可能会出现一个较大的突变力,在固定参数的阻抗控制系统控制下,很难通过选择一组更加合适的阻抗参数来达到削弱突变力的效果。

只有当一个完整控制系统被控对象的参数完全固定已知,或者存在微小改变的情况下才可以忽略其对控制过程产生的影响,才能够通过采用常规的参数固定控制方法达到很好的控制效果[143]。但是通常遇到的大部分控制系统的被控对象都是未知或者部分已知的,并且随着控制进程的持续,被控对象自身参数及外部环境均会发生改变。因此为达到理想的控制效果,控制系统的参数也要相应发生一些改变。LIDM 在空间对接的过程中,会出现接触、校正、柔性跟随和拉紧等相关操作,随着 LSR 因为接触力而连续调整其自身的位置、姿态来完成柔顺运动,LIDM 的结构刚度与负载特性都会发生改变。另外由于 LSR 与被动对接环的接触可能是点 – 线、点 – 面、面 – 面等不同的接触方式,而且整个捕获过程是在动态中完成的,所以对接环境也在不断发生变化,那么基于固定参数的阻抗柔顺控制不是最理想的控制方式。

Arimoto S、Han H Y[144]指出,阻抗控制应用于机械系统与环境间作用力、位置(速度)的控制时,如果建立的阻抗控制系统模型参数能够随外部环境的变化实时改变,则控制效果较阻抗模型参数固定的情况明显要更加理想。机械系统末端与外部环境接触过程中,随着环境的改变其等效惯性、阻尼、刚度特性也会发生变化,即使环境因素相同,机械系统与环境之间的作用力不同也会导致环境的等效参数变化。因此改变目标阻抗参数,可以帮助工业机器人适应更加复杂多变的环境^[145-147]。截至目前,在适应环境参数变化与未知机器人参数的阻抗控制系统方面的研究,主要集中在一些理论上性能优良但算法复杂的控制系统,以及一些适应工程应用但性能改变有限的简化算法系统,而能平衡好算法的复杂程度与力、位置柔顺控制性能并且能够适应环境改变的机器人阻抗控制的研究成果较少^[148]。

　　为了解决 LIDM 捕获过程中力的突变问题,设计的阻抗控制系统更适合于工程应用,使整个系统在有参数变化或其他干扰存在的情况下仍旧能够保持最优状态的控制性能。本章引入间接的自适应控制策略,间接的自适应控制策略在不改变阻抗控制器阻抗参数的情况下,可以根据结构参数和环境参数的变化为控制系统实时添加一个修正量,从而使得参数固定的阻抗控制系统控制下的 LIDM 捕获过程更为理想,以满足对接过程的性能要求。针对上述情况,提出了基于速度阻抗控制的自适应力柔顺控制策略。

5.2　自适应控制的基本原理

5.2.1　自适应控制概念

　　传统控制理论的对象是线性定常并且完全已知的,无法适应事先难以确定数学模型的系统。面对无法完全事先确定的环境,如何设计一个能够主动适应未知变化的控制系统是自适应控制所要研究解决的问题。自适应控制在系统工作时不断检测系统参数与运行指标,通过调整所控的参数使系统始终处于一种最优的工作状态,能够提高系统的鲁棒性。

　　虽然目前已有多种自适应控制方案,但各方案仍有一些共同的结构,如图 5.1 所示。被控对象的参数或者运行信息能够被辨识装置实时在线辨识,完成性能计算后交由决策机构按一定准则评定,并决定所需的控制器参数,最终由修正机构来实现决策机构的决策,从而调节系统逐渐趋向期望的性能指标,并使系统本身能够自动适应环境的变化。

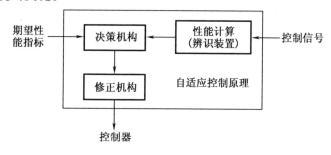

图 5.1　自适应控制原理框图

5.2.2　自适应控制的类型

下面主要介绍几类自适应控制系统[149-151]。

(1)模型参考的自适应控制系统

该系统由线性模型跟随系统演变而来,其由参考模型、可调节系统和自适应机构组成,如图 5.2 所示。其基本原理是:当系统模型的输出与参考模型的输出存在差异时,这个偏差反馈到自适应控制器,并通过自适应控制器修改调节器中的参数起到调节系统输出的效果,从而使系统输出跟随参考模型输出。

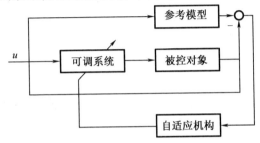

图5.2　模型参考自适应控制系统

(2)自校正的控制系统

如图 5.3 所示,该系统又称为自由化控制或模型辨识自适应控制。其基本原理是通过实时采集输入、输出信息,对被控制对象的系统参数进行实时在线辨识和估计,并依据辨识结果调整控制器参数,从而确保系统能达到最优的控制效果。

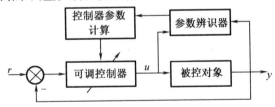

图5.3　自校正控制系统

(3)可变增益自适应控制系统

如图 5.4 所示,该系统的结构和原理均比较直观,当系统的输出因环境等因素变化而改变时,由测量系统测量并经过相关计算,通过调整调节器的增益来确保系统的最优控制效果。

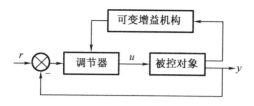

图 5.4　可变增益自适应控制系统

（4）目标函数直接优化的自适应控制系统

该系统控制原理如图 5.5 所示。

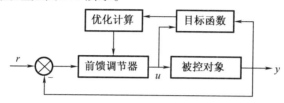

图 5.5　目标函数直接优化的自适应控制系统

5.3　自适应速度阻抗控制器的设计

本节根据 LIDM 捕获系统阻抗控制（柔顺力误差）的输出方程，运用 Lyapunov 稳定理论设计 MRAC 控制系统，使 LSR 与被动对接环的碰撞力跟随参考模型。在捕获过程中对环境及 LIDM 捕获系统模型的刚度、速度改变引起的变化进行阻抗参数的自适应补偿，以期达到实时跟踪系统参数的目的。本节基于模型参考自适应理论，引入了一个与力误差、速度误差相关的修正量，与阻抗控制系统叠加，达到间接调整阻抗参数的效果。根据 Lyapunov 稳定性理论的第二方法设计一个稳定的控制系统，其关键在于构造一个正定的 Lyapunov 能量函数[149-150]。所得阻抗参数的间接调整规律简单实用。

5.3.1　Lyapunov 稳定理论

采用 Lyapunov 稳定性理论设计自适应阻抗控制系统，以确保控制系统的稳定性。下面将简单介绍 Lyapunov 稳定性理论。

由于非线性系统存在一个或多个平衡态，所以在整个状态空间其控制系统的稳定性很难笼统概述。Lyapunov 理论研究的是系统各动态平衡态附近的稳定性问题，适用于线性定常、非线性、参数分布等系统。

Lyapunov 理论包含两种判定系统稳定的方法：通过求解微分方程判断系统的稳定性与通过能量函数及其时间导数来判定系统稳定性。

假设系统状态方程为

$$\dot{\boldsymbol{x}}(t) = f\left[\boldsymbol{x}(t), t\right]$$

式中, $\boldsymbol{x}(t)$ 为状态向量; t 为时间变量。

在上述方程基础上,定义一个能量函数 $V(x, t)$,能量函数对时间连续可微,并具有如下性质:

(1) $V(x, t)$ 是正定的,是关于 x 的单调非负函数,当 $x \neq 0$ 时, $V(x, t) > 0$;

(2) $V(x, t) = 0$,具有连续的偏导数;

(3) $\dot{V}(x, t)$ 是负定的,则称 $V(x, t)$ 是严格的 Lyapunov 函数。

Lyapunov 稳定性的判定规则如下:

(1)系统稳定。包含原点在内的某个 S 域内,存在能量函数 $V(x, t) > 0$,并且 $\dot{V}(x, t) \leqslant 0$,则系统平衡态稳定。

(2)系统渐进稳定。包含原点在内的某个 S 域内,存在能量函数 $V(x, t) > 0$,且 $\dot{V}(x, t) < 0$,则系统平衡态渐进稳定。

(3)系统不稳定。包含原点在内的某个 S 域内,存在能量函数 $V(x, t) > 0$,且 $\dot{V}(x, t) > 0$,则系统平衡态不稳定。

5.3.2　自适应控制器的设计

基于速度的阻抗控制系统的鲁棒性体现在当环境改变时能够通过改变目标阻抗参数,来调整 LSR 与环境之间的接触力偏差与速度偏差的关系,虽然牺牲了一定的速度精度,但避免附加作用力产生较大的变化。LIDM 捕获时,LSR 末端与被动对接环接触过程中,LIDM 自身结构参数及对接环境也不断发生变化,致使单独采用固定阻抗参数的速度阻抗控制不能理想地满足甚至无法满足空间对接的柔性任务需求。一些工业机器人系统的研究成果表明,固定目标阻抗参数的阻抗控制往往会引起较大的碰撞力和超调力,这种控制效果低于随着环境变化而相应调整目标阻抗参数的方法。

在 LIDM 的柔顺对接过程中,LSR 柔顺运动的系统输入量是其运动的空间参考速度。自适应控制器可以通过直接或间接改变目标阻抗关系获得一组新的调控量。为了让设计的阻抗控制系统更适合于柔顺对接系统,并且降低自适应控制算法的复杂程度,可以把自适应控制器看作在原阻抗控制调整量的基础上附加了一个小的速度调整信号 $\Delta v'$ 。通过阻抗控制器与自适应控制器的调整规律推导出新的实时目标阻抗控制关系,进而找到 $\Delta v'$ 与控制系统的关系式。对于 LIDM 捕获过程中某单自由度的柔顺控制来说,向量的分量用小写字母表示,则此时的参考速度输入量可以表示为

$$v_{\mathrm{r}} = v_{\mathrm{d}} + \Delta v + \Delta v' \tag{5.1}$$

式中，v_r——LSR 的参考速度输入量；

Δv——阻抗控制器产生的速度修正量；

$\Delta v'$——自适应控制器产生的速度修正量。

LIDM 在进行柔顺对接的过程中，通过引入自适应控制产生的速度修正量 $\Delta v'$，能够实时调整 LSR 驱动臂的速度输入量，达到减小因 LSR 运动所导致的附加作用力的效果。为了便于速度阻抗自适应控制器的设计，首先要确定 $\Delta v'$ 的控制形式。由于直接确定 $\Delta v'$ 的形式比较困难，先引入一个工业机器人系统中常用的位置修正量 Δx，这个位置修正量可以参照 Tee K P[151] 设计的基于位置的自适应阻抗控制方案来获得，其表示形式为

$$\Delta x = g(t) + p(t)e(t) + d(t)\dot{e}(t) \tag{5.2}$$

式中，$e(t)$——某单一自由度方向上作用力误差；

$g(t)$——与 $e(t)$ 和 $\dot{e}(t)$ 相关的辅助函数项；

$p(t)$——时变的自适应比例力反馈系数；

$d(t)$——时变的自适应微分力反馈系数。

式(5.2)对时间求导得到自适应控制产生的速度修正量 $\Delta v'$ 的表达式，即

$$\Delta v' = \frac{\mathrm{d}(\Delta x)}{\mathrm{d}t} \tag{5.3}$$

参考文献[84]的方法，根据位置阻抗控制式(4.9)与式(4.18)，可得

$$e = f_r - f = f_r - k_e(x - x_e) = f_r + k_e x_e - k_e[x_r + k_1(s)e] \tag{5.4}$$

式中，$k_1(s)$ 为位置阻抗控制器的传递函数，即

$$k_1(s) = \frac{1}{m_d s^2 + b_d s + k_d} \tag{5.5}$$

式(5.4)等号两边均除以 $k_1(s)$，得

$$[\boldsymbol{m}_d s^2 + \boldsymbol{b}_d s + (k + k_e)]e = (\boldsymbol{m}_d s^2 + \boldsymbol{b}_d s + \boldsymbol{k}_d)[f_r + k_e(x_e - x_r)] \tag{5.6}$$

同理可以获得速度阻抗控制的相关表达式

$$[\boldsymbol{m}_d s^2 + \boldsymbol{b}_d s + (k + k_e)]e = (\boldsymbol{m}_d s^2 + \boldsymbol{b}_d s + \boldsymbol{k}_d)\left[f_r + k_e x_e - k_e\left(\int v_r \mathrm{d}t + C\right)\right] \tag{5.7}$$

式中，f_r、k_e、x_e、C 均为常数。对式(5.7)进行拉普拉斯反变换，得

$$\boldsymbol{m}_d \ddot{e}^2 + \boldsymbol{b}_d \dot{e} + (k + k_e)e = \boldsymbol{k}_d(f_r + k_e x_e) - k_e\left[\boldsymbol{m}_d \dot{v}_r + \boldsymbol{b}_d v_r + \boldsymbol{k}_d\left(\int v_r \mathrm{d}t + C\right)\right] \tag{5.8}$$

式(5.8)所表示的力误差方程是由目标阻抗方程式(4.2)中的第三个等式决定的，可以发现 $\dot{v}_r$ 与 v_r 在方程中是不期望出现的，这给控制系统的分析与设计带来了一定的困难。为了解决这一问题，Hogan N 与其他学者[152]通过选择了一个更为简便的目标阻抗方程来进行简化，如选择式(4.2)中的第一个等式，可以发现 v_r

只与弹性量有关。所以式(5.8)可以简化为

$$\boldsymbol{m}_{\mathrm{d}}\ddot{e} + \boldsymbol{b}_{\mathrm{d}}\dot{e} + (k + k_{\mathrm{e}})e = \boldsymbol{k}_{\mathrm{d}}(f_{\mathrm{r}} + k_{\mathrm{e}}x_{\mathrm{e}}) - k_{\mathrm{e}}\boldsymbol{k}_{\mathrm{d}}\left(\int v_{\mathrm{r}}\mathrm{d}t + C\right) \quad (5.9)$$

将式(5.2)和(5.3)代入式(5.9)得

$$\ddot{e} + \left[\frac{\boldsymbol{b}_{\mathrm{d}} + \boldsymbol{k}_{\mathrm{d}}k_{\mathrm{e}}d(t)}{\boldsymbol{m}_{\mathrm{d}}}\right]\dot{e} + \left[\frac{\boldsymbol{k}_{\mathrm{d}} + k_{\mathrm{e}} + \boldsymbol{k}_{\mathrm{d}}k_{\mathrm{e}}p(t)}{\boldsymbol{m}_{\mathrm{d}}}\right]e = \frac{\boldsymbol{k}_{\mathrm{d}}[f_{\mathrm{r}} + k_{\mathrm{e}}x_{\mathrm{e}} - k_{\mathrm{e}}g(t)]}{\boldsymbol{m}_{\mathrm{d}}}$$

$$(5.10)$$

令

$$\begin{cases} a(t) = \dfrac{\boldsymbol{b}_{\mathrm{d}} + \boldsymbol{k}_{\mathrm{d}}k_{\mathrm{e}}d(t)}{\boldsymbol{m}_{\mathrm{d}}} \\ b(t) = \dfrac{\boldsymbol{k}_{\mathrm{d}} + k_{\mathrm{e}} + \boldsymbol{k}_{\mathrm{d}}k_{\mathrm{e}}p(t)}{\boldsymbol{m}_{\mathrm{d}}} \\ w(t) = \dfrac{\boldsymbol{k}_{\mathrm{d}}[f_{\mathrm{r}} + k_{\mathrm{e}}x_{\mathrm{e}} - k_{\mathrm{e}}g(t)]}{\boldsymbol{m}_{\mathrm{d}}} \end{cases} \quad (5.11)$$

则方程式(5.10)可简化为

$$\ddot{e} + a(t)\dot{e} + b(t)e = w(t) \quad (5.12)$$

令

$$E_p = \begin{bmatrix} e \\ \dot{e} \end{bmatrix} \quad (5.13)$$

将式(5.12)化为状态方程的形式

$$\dot{E}_p = \begin{bmatrix} 0 & 1 \\ -b(t) & -a(t) \end{bmatrix}E_p + \begin{bmatrix} 0 \\ w(t) \end{bmatrix} = A(t)E_p + \begin{bmatrix} 0 \\ w(t) \end{bmatrix} \quad (5.14)$$

式中,$a(t)$、$b(t)$、$w(t)$中包含可以调节的控制器参数,同时也包含系统参数的已知信息。

下面基于模型参考自适应理论设计 LIDM 捕获系统的自适应控制器。首先根据捕获系统给出一个参考模型,然后找出一个合适的能量函数,最后根据 Lyapunov 稳定性定理第二法找到自适应控制的调整规律,完成控制器设计。参考模型可取理想的二阶系统模型[153],即

$$\ddot{e} + a_{\mathrm{m}}\dot{e} + b_{\mathrm{m}}e = 0 \quad (5.15)$$

化为状态方程形式,有

$$\dot{E}_{\mathrm{m}} = \begin{bmatrix} 0 & 1 \\ -b_{\mathrm{m}} & -a_{\mathrm{m}} \end{bmatrix}E_{\mathrm{m}} = A_{\mathrm{m}}E_{\mathrm{m}} \quad (5.16)$$

式中,E_{m} 为理想参考模型的状态变量,即

$$E_{\mathrm{m}} = \begin{bmatrix} e_{\mathrm{m}} \\ \dot{e}_{\mathrm{m}} \end{bmatrix} \quad (5.17)$$

由式(5.17)减去式(5.14)能够得到参考模型与实际系统之间响应的误差方程,即

$$\dot{E}_e = A_m E_m - A(t) E_p - \begin{bmatrix} 0 \\ w(t) \end{bmatrix}$$

$$= A_m E_m - [A_m - A(t)] E_p - \begin{bmatrix} 0 \\ w(t) \end{bmatrix}$$

$$= \begin{bmatrix} 0 & 1 \\ -b_m & -a_m \end{bmatrix} E_e + \begin{bmatrix} 0 & 0 \\ b(t) - b_m & a(t) - a_m \end{bmatrix} \begin{bmatrix} e \\ \dot{e} \end{bmatrix} + \begin{bmatrix} 0 \\ -w(t) \end{bmatrix} \quad (5.18)$$

式中,E_e 为总误差状态方程的状态量

$$E_e = \begin{bmatrix} e_m - e \\ \dot{e}_m - \dot{e} \end{bmatrix} \quad (5.19)$$

根据 Lyapunov 稳定性定理构造一个二次型形式的能量函数 $V(E_e,t)$

$$V(E_e,t) = \frac{1}{2} E_e^{\mathrm{T}} P E_e + \frac{1}{2} Z^{\mathrm{T}} H Z$$

$$= \frac{1}{2} E_e^{\mathrm{T}} P E_e + \frac{1}{2} \beta_0 [b(t) - b_m]^2 + \frac{1}{2} \beta_1 [a(t) - a_m]^2 + \frac{1}{2} \beta_2 w(t)^2 \quad (5.20)$$

式中

$$Z = \begin{bmatrix} b(t) - b_m \\ a(t) - a_m \\ w(t) \end{bmatrix}, \quad H = \begin{bmatrix} \beta_0 & & \\ & \beta_1 & \\ & & \beta_2 \end{bmatrix}, \quad P = \begin{bmatrix} p_1 & p_2 \\ p_2 & p_3 \end{bmatrix} \quad (5.21)$$

式中,β_0、β_1 和 β_2 均为正常数;P 为非奇异的正定实对称矩阵。所以能量函数显然为正值。

依据 Lyapunov 稳定性定理给定一个正定实对称矩阵 H,则存在上述矩阵 P 并且使得式(5.22)成立

$$A_m^{\mathrm{T}} P + P A_m = -H \quad (5.22)$$

对能量函数求导得

$$\dot{V}(E_e,t) = -\frac{1}{2} E_e^{\mathrm{T}} H E_e + [b(t) - b_m][\chi e + \beta_0 \dot{b}(t)] +$$

$$[a(t) - a_m][\chi \dot{e} + \beta_1 \dot{a}(t)] + w(t)[\beta_2 \dot{w}(t) - \chi] \quad (5.23)$$

其中

$$\chi = p_2(e_m - e) + p_3(\dot{e}_m - \dot{e}) \quad (5.24)$$

式中,p_2、p_3 为矩阵 P 中的元素。

根据 Lyapunov 稳定定理可知,只要保证 $\dot{V}(E_e,t) < 0$,就能够证明总的误差方程式(5.18)为大范围内渐进稳定。观察能量函数求导后的表达式不难看出,要使

得 $\dot{V}(E_e,t)<0$ 恒成立,只要式(5.23)的后三项之和为零。因此可以令

$$
\begin{cases}
\dot{a}(t) = -\dfrac{\chi}{\beta_1}\dot{e} \\[2mm]
\dot{b}(t) = -\dfrac{\chi}{\beta_0}e \\[2mm]
\dot{w}(t) = \dfrac{\chi}{\beta_2}
\end{cases}
\tag{5.25}
$$

式(5.25)即为所要寻找的时变系数 $a(t)$、$b(t)$ 和 $w(t)$ 的自适应调整规律。在自适应算法的具体实现中,可令理想参考模型的系统输入为0,系统状态变量 e_m 和 $\dot{e}_m$ 也均取0。此外从3个时变参数的原表达式(5.11)与式(5.25)可以看出,$a(t)$、$b(t)$、$w(t)$ 与 $d(t)$、$p(t)$、$g(t)$ 之间或相差一个常数或满足某种既定关系,遵循类似的调整规律可以得到系数 $d(t),p(t),g(t)$ 的调整规律

$$
\begin{cases}
\chi(t) = -[\lambda_p e(t) + \lambda_v \dot{e}(t)] \\[2mm]
d(t) = -\eta \displaystyle\int_0^t \chi\dot{e}\,\mathrm{d}t + d_0 \\[2mm]
p(t) = -\mu_2 \displaystyle\int_0^t \chi e\,\mathrm{d}t + p_0 \\[2mm]
g(t) = -\mu_1 \displaystyle\int_0^t \chi\,\mathrm{d}t + g_0 + \dfrac{f_r}{k_e}
\end{cases}
\tag{5.26}
$$

式中,d_0、p_0、g_0 分别为3个时变系数的初始值。另外由于速度阻抗控制器的调节作用,保证了系统输出的连续性,因此这3个初始值均可取零。λ_p、λ_v、η、μ_1 与 μ_2 均为小正数,其表达式为

$$
\begin{cases}
\lambda_p = p_2 \\[2mm]
\lambda_v = p_3 \\[2mm]
\eta = \dfrac{m_d}{k_d k_e \beta_1} \\[3mm]
\mu_2 = \dfrac{m_d}{k_d k_e \beta_0} \\[3mm]
\mu_1 = \dfrac{m_d}{k_d k_e \beta_2}
\end{cases}
\tag{5.27}
$$

从空间对接实际应用的角度出发,捕获过程中两对接机构之间的期望作用力越小越好,所以这里将期望力 f_r 取零。LSR 上力传感器测得的力信息含有较大的噪声信号,采用其微分信号会放大干扰而没有实际意义,根据 LSR 末端的接触力与环境位置的关系式

$$
e = f_r - f_e = -k_e(x - x_e)
\tag{5.28}
$$

对式(5.28)求导,得

$$\dot{e} = -k_e \dot{x} \tag{5.29}$$

因此式(5.29)可以替换力误差的微分信号,代入式(5.26)中。另外因为忽略了未建动态模型的影响,采用 σ - 修正法[63]修正自适应控制律,同时也可以增强系统的鲁棒性,新的控制律为

$$
\begin{cases}
\chi(t) = -\lambda_p e(t) + \lambda_d \dot{x}(t) \\
d(t) = \mu_3 \int_0^t \chi \dot{x}(t) \mathrm{d}t - \sigma_3 \int_0^t d(t) \mathrm{d}t + d_0 \\
p(t) = -\mu_2 \int_0^t \chi e \mathrm{d}t - \sigma_2 \int_0^t p(t) \mathrm{d}t + p_0 \\
g(t) = -\mu_1 \int_0^t \chi \mathrm{d}t - \sigma_2 \int_0^t g(t) \mathrm{d}t + g_0
\end{cases} \tag{5.30}
$$

式中,μ_3 为类似 η 的小正数;λ_d 为比 λ_v 稍大的正数;σ_1、σ_2、σ_3 为修正因子且均为小正数。

将式(5.30)代入式(5.3)的控制量中就得到了最终的自适应力跟踪控制项。自适应控制器对系统的力误差进行实时调整,得到一个速度的纠正小量,与速度阻抗控制器输出量叠加,起到间接实时调整阻抗参数的作用,以期达到理想的对接效果。

5.4　驱动臂单轴自适应阻抗控制仿真

5.4.1　仿真模型的搭建与参数选取

为了验证基于速度的自适应阻抗力柔顺控制算法的有效性,首先对单轴驱动臂单一方向的力柔顺进行仿真研究。以 4.5 节中单轴驱动臂阻抗控制模型为基础,建立控制系统的自适应控制模块,便可以得到单轴驱动臂的自适应阻抗控制模型,如图 5.6 所示。控制系统中引入了一个与力误差、环境速度相关的修正量与阻抗控制器的输出量叠加来适应环境与机构自身参数的变化,起到间接调整阻抗参数的效果。

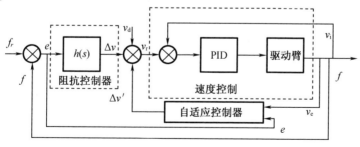

图 5.6　驱动臂自适应阻抗控制系统框图

本节同样采用 ADAMS 与 Simulink 联合仿真的方法,建立单轴驱动臂的自适应阻抗控制模型,如图 5.7 所示。模型包含自适应控制器、阻抗控制器、ADAMS 驱动臂模型、期望力、实际环境速度、期望速度、PID 控制器等模块。将两软件的数据联系起来,建立了完整的联合仿真模型。

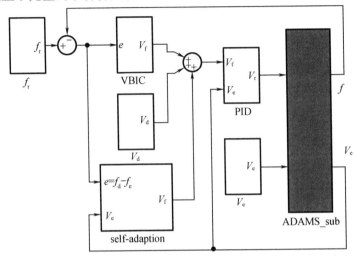

图 5.7　驱动臂自适应阻抗控制仿真模型图

5.4.2　自适应阻抗控制的仿真计算

联合仿真取固定步长 0.001 s,算法为 ode4(Runge-Kutta)法。仿真中驱动臂沿其轴向做柔顺运动。自适应控制器参数 λ_p、λ_d、μ_1、μ_2、μ_3、σ_1、σ_2、σ_3 取值为 0.004 35,0.004 39,0.000 08,0.000 004,0.000 08,0.000 001,0.000 001,0.000 001。物体撞向驱动臂的速度,仍选择图 4.13 中的 3 个函数曲线,即阶跃函数,1/4 正弦函数和脉冲函数。

图 5.8 与图 5.9 为物体以恒定速度 $v_e = 15$ mm/s 撞向驱动臂的碰撞力曲线与速度跟随曲线。从图 5.8 中可以看出,物体在 0.4 s 左右与驱动臂接触,控制过程中的最大碰撞力发生在物体与驱动臂初次接触时,最大碰撞力约为 150 N,碰撞力经过快速的振荡调节逐渐稳定后,持续减弱,最终维持在 100 N 以下。从图 5.9 可以看出,驱动臂的运动速度在最初接触时经过快速小量超调后,就能够准确跟踪物体的速度。与图 4.14 和图 4.15 对比,碰撞过程中的最大碰撞力约减小了 60 N,速度的超调量也明显减小,并且能够更快速地跟踪物体的运动。

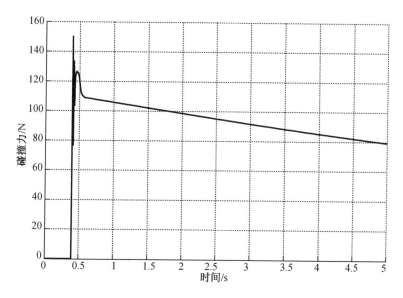

图 5.8　物体恒定速度时的碰撞力曲线

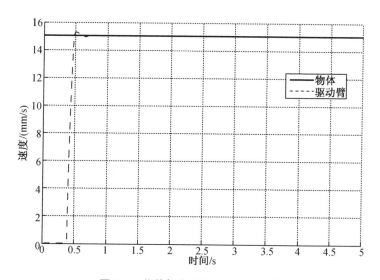

图 5.9　物体恒定速度时的速度曲线

　　图 5.10 与图 5.11 为物体以 1/4 周期正弦速度曲线 $v_e = 15\sin(\pi/10t)$ mm/s 撞向驱动臂的碰撞力曲线与速度跟随曲线。从图 5.10 中可以看出,物体在 1.6 s 左右与驱动臂接触,在柔顺控制过程中碰撞力的振荡情况只出现在物体与驱动臂初次接触时。系统稳定后,接触力随着物体速度的增加而增加,当速度的增加速率减弱后,接触力又出现了减弱趋势。由于速度持续增加的原因,碰撞过程中的最大碰撞力没有出现在初次接触的位置附近,而是出现在碰撞过程中,约为 95 N。从

图 5.11 可以看出,驱动臂的运动速度在最初接触时经过快速调节,没有出现超调和振荡,就能够快速跟踪物体的速度。与图 4.16 和图 4.17 对比,碰撞过程中的最大碰撞力减小了 15 N 左右,初始接触碰撞力减小了 10 N 左右,另外速度没有经过超调和振荡直接跟随物体运动,调节时间短。

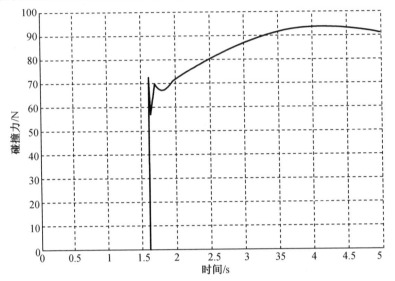

图 5.10 物体速度按正弦曲线变化时的碰撞力曲线

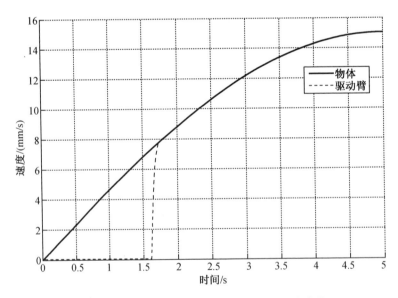

图 5.11 物体速度按正弦曲线变化时的速度曲线

图 5.12 与图 5.13 为物体以脉冲速度曲线撞向驱动臂的碰撞力曲线与速度跟

随曲线。

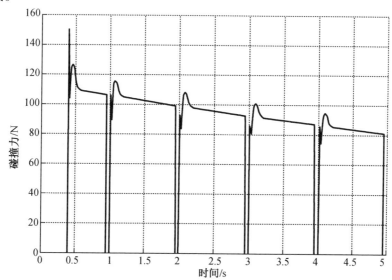

图 5.12 物体速度按阶跃函数曲线变化时的碰撞力曲线

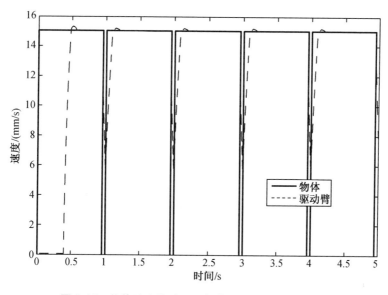

图 5.13 物体速度按阶跃函数曲线变化时的速度曲线

从两图中可以看出,物体与驱动臂分别在 0.4 s、1 s、2 s、3 s、4 s、5 s 碰撞,每当物体的速度变为零时,驱动臂由于控制系统存在的惯性继续移动,其速度不会立即变为零,所以就出现了物体与驱动臂分离的现象。从图 5.13 还可以看出,控制系统的惯性会发生累积,每次分离后速度的衰减量都会减少,从而导致物体与驱动臂碰撞时的相对速度逐渐减小,这就能够解释图 5.12 中碰撞力随着碰撞次数的增加而逐渐减小的现象。此外驱动臂速度的超调量也随着碰撞次数的增加而减小,并且能够快速跟踪物体的运动。另外从图中还可以看出,碰撞力出现超调、振荡调节都是发生在物体与驱动臂刚刚接触的时刻附近,碰撞过程中产生的最大碰撞力约为 150 N,与图 4.18 和图 4.19 对比,最大碰撞力约减小了 70 N,而且速度的超调量更小,无振荡出现。

综上所述,基于速度的自适应阻抗控制能够满足单轴驱动臂的碰撞缓冲要求,并且能够获得比只采用固定参数的阻抗控制更优的控制效果。系统中加入自适应控制器,不仅降低了碰撞过程中的最大碰撞力,也减小了速度的超调量和调整时间,使得整个系统能够更好适应环境参数发生变化的情况,增加了系统在变化环境下的鲁棒性。

5.5 LIDM 捕获过程的自适应阻抗控制研究

5.5.1 LIDM 捕获系统自适应控制仿真模型的建立

为了验证基于速度的自适应阻抗力柔顺控制在 LIDM 捕获过程中的有效性,本节以 5.3 节中 LIDM 的速度阻抗控制模型为基础,引入一个自适应调整量,达到间接改变目标阻抗参数的效果来适应变化的环境。根据自适应控制律式(4.26)建立控制系统的自适应控制模块,便可以得 LIDM 捕获系统的自适应阻抗控制模型,如图 5.14 所示。

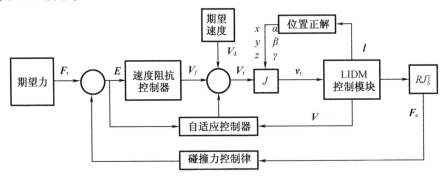

图 5.14 LIDM 自适应阻抗控制框图

该系统包含期望力模块、期望速度模块、自适应控制器模块、阻抗控制模块、速度变换模块、运动学正解模块、控制律模块等。从图中还可以看出,控制系统通过引入一个与力误差、环境速度相关的修正量与阻抗控制器的输出量叠加,通过调整 LIDM 6 个驱动臂的运动来适应环境与机构自身参数的变化,间接地达到变阻抗参数的控制效果。

本节以 5.4 节中建立 ADAMS 与 Simulink 联合仿真模型为基础,建立 LIDM 的自适应阻抗控制模型,如图 5.15 所示,模型包含自适应控制器、阻抗控制器、LIDM 模型、期望力、实际环境速度、期望速度、PID 控制器等模块。将两软件的数据参数联系起来,建立完整的联合仿真模型。

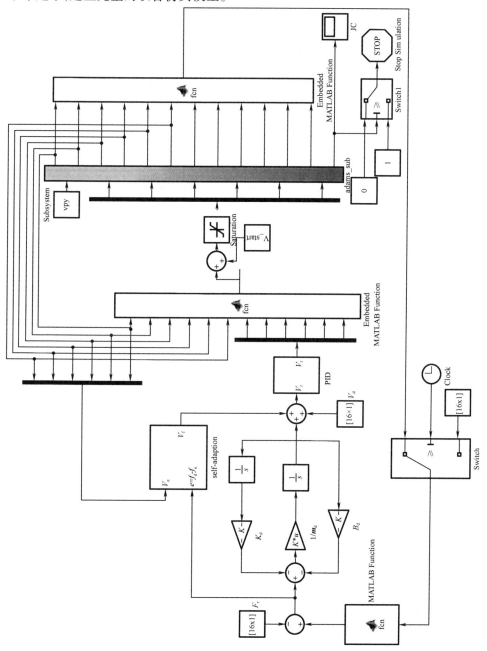

图 5.15　LIDM 自适应阻抗控制的仿真结构图

5.5.2 LIDM捕获过程的自适应阻抗控制仿真计算

为了验证自适应速度阻抗控制应用于 LIDM 系统的可行性,本节只在 LSR 沿 x 轴方向的力柔顺控制添加自适应模块。联合仿真仍采用固定步长取 0.001 s,算法为 ode4(Runge-Kutta)法。仿真中 LIDM 沿 x 方向采用自适应阻抗控制,其余 4 个自由度方向采用固定参数的阻抗控制。自适应控制器中参数 λ_p、λ_d、μ_1、μ_2、μ_3、σ_1、σ_2、σ_3 分别取值如下:0.000 12、0.000 12、0.000 05、0.000 005、0.000 05、0.000 000 2、0.000 000 2、0.000 000 2。LIDM 的对接初始条件采用表 4.2 工况 1 的参数,碰撞力的控制律采用式(4.25),其仿真结果如图 5.16~图 5.19 所示。

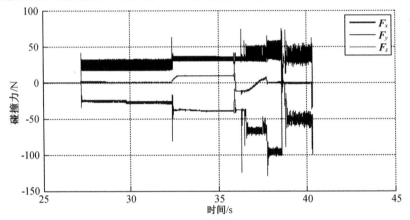

图5.16 碰撞力曲线

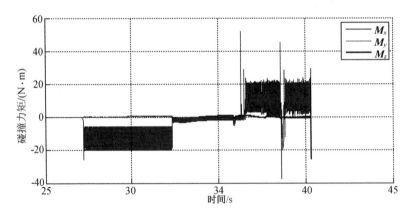

图5.17 碰撞力矩曲线

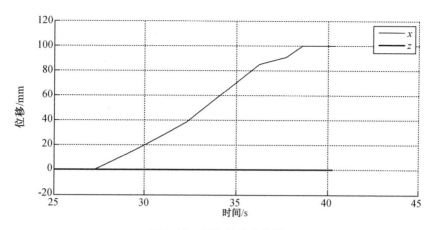

图 5.18　LSR 的位移曲线

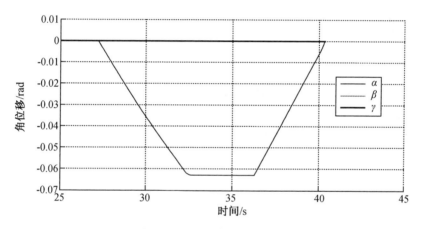

图 5.19　LSR 的角位移曲线

图 5.16 与图 5.17 为工况 1 在 x 轴添加自适应控制器后的仿真结果,从图中可以看出,两对接机构初始接触时间为 27 s,最大碰撞力发生在 y 轴方向,且不超过 150 N,最大碰撞力矩发生在 z 轴方向,不超过 60 N·m。与图 4.24 和图 4.25 对比可以发现,在 x 轴加入自适应控制器后,捕获过程中 $\boldsymbol{F}_x$ 的第一次较大的突变力,从 110 N 降低到了 60 N 左右,并对其他方向力的突变情况也具有一定的削弱作用,对力矩几乎没有影响。

图 5.18 与图 5.19 分别为 LSR 位移曲线与转动曲线,对比表 4.2 工况 1 的初始对接条件可以发现,LSR 的位移与转动量都与初始对接条件吻合,能够使 LSR 与被动对接环完成面接触。从图中还可以发现,为了缓冲因 x 轴偏差产生的碰撞力,沿 z 轴负方向产生了一个相应的转动之后又转回原位。与图 4.26 和图 4.27 对比发现,在 x 轴方向加入的自适应控制器对 LSR 的运动轨迹几乎没有影响。

综上所述,基于速度的自适应阻抗控制系统,能够有效降低 LIDM 捕获过程中的碰撞力,以及削弱因对接面改变而造成的力/力矩突变的情况。

参 考 文 献

[1] 周建平. 空间交会对接技术[M]. 北京:国防工业出版社,2013.

[2] 汤树人,陈宝东,柏合民,等. 锥杆式对接机构捕获锁的创新设计[J]. 机械设计,2009,26(8):66-69.

[3] 吴国兴. 空间站和航天飞机[M]. 北京:中国宇航出版社,2003.

[4] 弗拉基米尔·谢拉苗尼科夫. 太空对接故事[M]. 上海:上海科学技术出版社,2011.

[5] 杨芳,曲广吉. 空间对接机构差动式机电缓冲阻尼系统机构传动原理分析[J]. 力学与实践,2000,6(6):44-47.

[6] 于伟,杨雷,曲广吉. 空间对接机构动力学仿真分析[J]. 动力学与控制学报,2004(2):38-42.

[7] 徐敏. 空间弱撞击对接机构设计与仿真分析[D]. 南京:南京航空航天大学,2013.

[8] 盛以龙. 周边式对接机构对接动力学仿真[D]. 长沙:国防科学技术大学,2005.

[9] 张崇峰,刘志. 空间对接机构技术综述[J]. 上海航天,2016,33(5):1-11.

[10] 陈宝东,唐平. 空间对接机构技术及其研制[J]. 上海航天,2005,22(5):6-8.

[11] YAN H,HAN J,TONG Z,et al. Hybrid Realtime Simulation of the Space Docking Process[C] // International Conference on Artificial Reality & Telexistence - workshops. IEEE Computer Society,2006:323-327.

[12] ANDARY J F,SPIDALIERE P D. The development test flight of the flight telerobotic servicer:design description and lessons learned[J]. IEEE Transactions on Robotics & Automation,2002,9(5):664-674.

[13] 张柏楠. 航天器交会对接任务分析与设计[M]. 北京:科学出版社,2011.

[14] RIVERA D E,MOTAGHEDI P ,HAYS A. Modeling and simulation of the Michigan aerospace autonomous satellite docking system II[J]. Proceedings of SPIE - The International Society for Optical Engineering,2015,5799:82-91.

[15] HAYS A B, PETER T J, PAVLICH J C, et al. Advancements in design of an autonomous satellite docking system[J]. Proceedings of SPIE - The International

Society for Optical Engineering,2004,23(3):286 - 299.

[16] 刘宇. 俄罗斯典型空间对接机构及其特性[J]. 航天器工程,1994(2):33 - 38.

[17] MCLAUGHLIN R J,WARR W H. The Common Berthing Mechanism (CBM) for International Space Station[R]. SAE Technical Paper,2001.

[18] DIJK K V,KLAASSENS J B,SPRUIJT H J N,et al. Battery charger design for the Columbus MTFF power system [J]. IEEE Transactions on Aerospace and Electronic Systems,1997,33(1):29 - 37.

[19] 蔺淑英. 欧空局批准阿里安 - 5 赫尔墨斯和哥伦布计划[J]. 国际太空,1988(2):3 - 4.

[20] MARTIN L O,PROST J P. Final approach during Hermes - MTFF rendez - vous - Definition of optimal guidance and control strategies[C] // Malaga International Astronautical Federation Congress. Malaga International Astronautical Federation Congress,1989.

[21] 于登云,孙京,马兴瑞. 空间机械臂技术及发展建议[J]. 航天器工程,2007,16(4):1 - 8.

[22] ZHU R Z, WANG H F,XU Y J. From ETS - Ⅶ to HTV:Study of Japanese Rendezvous and Docking/Berthing Technologies[J]. Spacecraft Engineering,2011.

[23] NISH,孙增圻. ETS - Ⅶ卫星的空间远程机器人实验系统[J]. 863 航天技术通讯,1998(2):47 - 55.

[24] KAWANO I,MOKUNO M,HORIGUCHI H,et al. In - orbit demonstration of an unmanned automatic rendezvous and docking system by the Japanese engineering test satellite ETS - VII[C] // Guidance, Navigation, & Control Conference. 2013.

[25] 罗开元. 航天及其基础技术未来发展分析[J]. 中国航天,2002(3):26 - 30.

[26] KAWANO I,MOKUNO M,HORIGUCHI H,et al. 日本工程试验卫星 ETS—Ⅶ 无人自动交会对接系统的在轨演示[J]. 控制工程,1997(2):50 - 56.

[27] KAWANO I,MOKUNO M,KASAI T ,et al. Result of Autonomous Rendezvous Docking Experiment of Engineering Test Satellite - VII[J]. Journal of Spacecraft and Rockets,2001,38(1):105 - 111.

[28] SHOEMAKER J,WRIGHT M. Orbital express space operations architecture program[J]. Proceedings of SPIE - The International Society for Optical Engineering,2004,5419:57 - 65.

[29] STAMM S,MOTAGHEDI P. Orbital express capture system:concept to reality[C] // Spacecraft Platforms and Infrastructure. International Society for Optics and Photonics,2004,5419:78 - 92.

[30] MOTAGHEDI P. On – orbit performance of the Orbital Express Capture System[C] // Sensors & Systems for Space Applications II. International Society for Optics and Photonics,2008.

[31] 林来兴.美国"轨道快车"计划中的自主空间交会对接技术[J].国际太空, 2005(2):23 – 27.

[32] 吴勤."轨道快车"计划及其军事应用[J].太空探索,2007,5(3):20 – 23.

[33] ZIMPFER D J. STS – 71 Shuttle/Mir mission report[J]. Nasa Sti/recon Technical Report N,1995,96.

[34] JR L W T,RAMAKRISHNAN J. Continuum modeling of the Space Shuttle Remote Manipulator System[C] // Decision and Control,1992. Proceedings of the 31st IEEE Conference on. IEEE,1992.

[35] 周建平.天宫一号/神舟八号交会对接任务总体评述[J].载人航天,2012(1): 1 – 5.

[36] 陈启忠,马季军,王娜,等.天宫一号目标飞行器电源分系统设计[J].上海航天,2011,28(6):7 – 11.

[37] 张锦江,范松涛,张志方,等.天宫一号基于控制力矩陀螺的智能多模自适应姿态控制系统设计与验证[J].中国科学:技术科学,2014,44(2):131 – 141.

[38] 唐歌实.载人航天轨道确定技术及在交会对接中的应用[M].北京:国防工业出版社,2013.

[39] LEWIS J L,CARROLL M B,MORALES R H,et al. Androgynous,reconfigurable closed loop feedback controlled low impact docking system with load sensing electromagnetic capture ring:U. S. Patent 6,354,540[P]. 2002 – 3 – 12.

[40] 于登云,曲广吉,曾辛,等.航天器对接接触过程撞击动力学分析[J].空间科学学报,1998,18(1): 62 – 68.

[41] 东旭.美国航宇局加紧实施 X—38 空间站救生飞船计划[J].中国航天,1997 (2): 27 – 29.

[42] ZHI L,CUI Y,ZHANG C. Study on International Docking System Standard[J]. Manned Spaceflight,2014.

[43] HACKER B C,GRIMWOOD J M. On the Shoulders of Titans:A History of Project Gemini. NASA SP – 4203[J]. Nasa Special Publication,1977,4203(4):1199.

[44] LEWIS J. NASA Docking System (NDS) Interface Definitions Document (IDD). Revision F,Dec. 15,2011[R]. NASA:JSC – 65795,2011.

[45] LEWIS J L. International Low Impact Docking System (iLIDS) Project Technical Requirements Specification,Revision F[R]. NASA:JSC – 63686F,2011.

[46] LEWIS J L,Robertson B,Carroll M B,et al. Low – Impact Mating System for

Docking Spacecraft[J]. NASA Tech Brief,2008,6:33 – 34.

[47] KLAUS K. The Space Launch System and the Proving Ground: Pathways to Mars[C] // Agu Fall Meeting. AGU Fall Meeting Abstracts, 2014.

[48] 秦文波,陈萌,张崇峰,等. 空间站大型机构研究综述[J]. 上海航天,2010, 27(4):34 – 42.

[49] 董晓星. 空间机械臂力柔顺控制方法研究[D]. 哈尔滨:哈尔滨工业大学,2013.

[50] 殷跃红. 机器人柔顺控制研究[J]. 机器人,1998(3):232 – 240.

[51] VUKOBRATOVIC M,TUNESKI A. Contact control concepts in manipulation robotics/ spl minus/an overview[J]. IEEE Transactions on industrial electronics,1994,41(1): 12 – 24.

[52] MASON M T. Compliance and force control for computer controlled manipulators[J]. IEEE Transactions on Systems,Man,and Cybernetics,1981,11(6): 418 – 432.

[53] DRAKE S H. Using compliance in lieu of sensory feedback for automatic assembly[D]. Massachusetts Institute of Technology,1978.

[54] HUANG H,GONG Z M,CHEN X Q,et al. Robotic grinding and polishing for turbine – vane overhaul[J]. Journal of materials processing technology,2002, 127(2): 140 – 145.

[55] TIAN – SOON S,ANG JR M H,KAH – BIN L. A compliant end – effector coupling for vertical assembly: design and evaluation[J]. Robotics and Computer – Integrated Manufacturing,1997,13(1): 21 – 30.

[56] 王坤东,颜国正,鄢波. 基于被动柔顺性的机器人位置/力控制[J]. 中国机械工程,2006,17(7):661 – 665.

[57] 崔亮. 机器人柔顺控制算法研究[D]. 哈尔滨:哈尔滨工程大学,2013.

[58] WHITNEY D E. Historical perspective and state of the art in robot force control[J]. The International Journal of Robotics Research,1987,6(1): 3 – 14.

[59] 魏媛媛. 基于模糊控制理论的机器人柔顺控制方法的研究[D]. 武汉:华中师范大学,2001.

[60] 谢为国. 阻抗控制算法在机器人火炬交接中的应用[D]. 南京:东南大学,2006.

[61] 谢宗武. HIT – 1 机器人灵巧手柔顺控制的研究[D]. 哈尔滨:哈尔滨工业大学,2003.

[62] 张尚盈. 液压驱动并联机器人力控制研究[D]. 哈尔滨:哈尔滨工业大学,2005.

[63] SERAJI H. Adaptive admittance control: An approach to explicit force control in

compliant motion[C]//Proceedings of the 1994 IEEE International Conference on Robotics and Automation. IEEE,1994:2705 – 2712.

[64] HOGAN N. Impedance control:An approach to manipulation:Part Ⅱ – Implementation[J]. Journal of dynamic systems,measurement,and control,1985,107(1):8 – 16.

[65] PELLETIER M,Daneshmend L K. An adaptive compliant motion controller for robot manipulators based on damping control [C] //IEEE International Conference on Robotics and Automation. IEEE,1990:78 – 83.

[66] CHAN S P,YAO B,GAO W B,et al. Robust impedance control of robot manipulators [J]. International Journal of Robotics & Automation,1991,6(4):220 – 227.

[67] LU W S,MENG Q H. Impedance control with adaptation for robotic manipulations[J]. IEEE Transactions on Robotics and Automation,1991,7(3):408 – 415.

[68] DAWSON D M,LEWIS F L,DORSEY J F. Robust Force Control of a Robot Manipulator[J]. The International Journal of Robotics Research,1992,11(4):312 – 319.

[69] PELLETIER M,DOYON M. On the implementation and performance of impedance control on position controlled robots [C] //Proceedings of the 1994 IEEE International Conference on Robotics and Automation. IEEE,1994:1228 – 1233.

[70] NAKASHIMA N,YAMAGUCHI Y. A lipid bilayer electrical device. Dramatic decrease in impedance of a electrode device coated with electrolyte – doped lipid films in air[J]. Journal of Electroanalytical Chemistry,1995,384(1 – 2):187 – 189.

[71] FERRETTI G,MAGNANI G,ROCCO P,et al. Impedance control for industrial robots[C] //Proceedings 2000 ICRA. Millennium Conference. IEEE International Conference on Robotics and Automation. Symposia Proceedings (Cat. No. 00CH37065). IEEE,2000,4:4027 – 4032.

[72] JUNG S,YIM S B,HSIA T C. Experimental studies of neural network impedance force control for robot manipulators [C] //Proceedings 2001 ICRA. IEEE International Conference on Robotics and Automation (Cat. No. 01CH37164). IEEE,2001,4:3453 – 3458.

[73] PARK J H,KWON O. Impedance control for running of biped robots [C] // Proceedings 2003 IEEE/ASME International Conference on Advanced Intelligent Mechatronics (AIM 2003). IEEE,2003,2:944 – 949.

[74] 黄心汉,杜克林,王敏,等. 基于阻抗控制的动态装配过程仿真研究[J]. 自动化学报,2000,26(2):169 – 175.

[75] 温淑焕. 机器人模糊神经网络阻抗控制[J]. 系统仿真学报,2004,16(11):2614 – 2617.

[76] 杨磊,高晓辉,刘宏,等.基于指尖力传感器的 HIT 机器人灵巧手笛卡尔阻抗控制[J].控制与决策,2004,19(11):1256 – 1258.

[77] 唐肖云.基于数据手套的灵巧手抓取操作及阻抗控制的研究[D].哈尔滨:哈尔滨工业大学,2010.

[78] HUANG J B, XIE Z W, JIN M H, et al. Adaptive impedance – controlled manipulator based on collision detection[J]. Chinese Journal of Aeronautics, 2009,22(1): 105 – 112.

[79] CHEN J,HAN D. The control of tendon –driven dexterous hands with joint simulation[J]. Sensors,2014,14(1): 1723 – 1739.

[80] JUNG S, HSIA T C, BONITZ R G. Force tracking impedance control of robot manipulators under unknown environment[J]. IEEE Transactions on Control Systems Technology,2004,12(3): 474 – 483.

[81] LASKY T A,HSIA T C. On force –tracking impedance control of robot manipulators[C] // Proceedings. 1991 IEEE International Conference on Robotics and Automation. IEEE,1991: 274 – 280.

[82] SERAJI H,COLBAUGH R. Force tracking in impedance control[J]. The International Journal of Robotics Research,1997,16(1): 97 – 117.

[83] 马小良.基于自适应阻抗控制的并联机器人柔顺控制研究[D].哈尔滨:哈尔滨工业大学,2009.

[84] 芦俊,颜景平,陈俊杰.基于自适应阻抗控制的轴孔装配方法[J].控制理论与应用,2003,20(1):85 – 88.

[85] 李二超,李战明,李炜.基于神经网络视觉伺服的机器人模糊自适应阻抗控制[J].电工技术学报,2011,26(4):40 – 43.

[86] 徐为民,邵诚.一种工业机器手的自适应阻抗控制方法[J].控制与决策,1997(2):109 – 113.

[87] 樊绍巍,宗华,邱景辉,等.机器人灵巧手柔性关节自适应阻抗控制[J].电机与控制学报,2012,16(12):78 – 86.

[88] RAVERA R J. Docking dynamics simulation for AAP[R]. NASA,1969.

[89] WARD J W, WILLIAMS H M. Orbital docking dynamics[J]. AIAA Journal, 1963,1(6): 1360 – 1364.

[90] GRUBIN C. Docking dynamics for rigid – body spacecraft[J]. AIAA Journal, 1964,2(1): 5 – 12.

[91] HATCH H G,PENNINGTON J E,COBB J B. Dynamic simulation of lunar module docking with Apollo command module in lunar orbit[M]. National Aeronautics and Space Administration,1967.

[92] СЫРОМЯТНИКОВ В С. Стыковочные устройства космических аппаратов[J]. М.：машиностроение,1984,216：35 – 43.

[93] BODLEY C S,PARK A C. Response of flexible space vehicles to docking impact[R]. NASA – CR – 102622,1970.

[94] 时军委,徐峰,胡雪平,等.对接机构动力学仿真[J].上海航天,2011,28(6)：17 – 22.

[95] 张华,肖余之.空间对接机构在轨连接分离动力学仿真研究[J].系统仿真学报,2014,26(4)：954 – 958.

[96] 张壮.空间对接半物理仿真平台研究[D].上海：上海交通大学,2014.

[97] 常同立.空间对接动力学半物理仿真系统设计及试验研究[D].哈尔滨：哈尔滨工业大学,2007.

[98] 常同立,丛大成,叶正茂,等.空间对接地面半物理仿真台系统仿真研究[J].航空学报,2007,28(4)：975 – 980.

[99] 徐峰,唐乾刚,王丽再.对接机构六自由度试验台半物理仿真试验原理[J].载人航天,2007(1)：24 – 28.

[100] 曲艳丽,赵明扬,张崇锋.空间对接机构 6 自由度半物理仿真试验台运动特性分析[J].空间科学学报,2002,22(z2)：94 – 99.

[101] 延皓,叶正茂,丛大成,等.空间对接半物理仿真原型试验系统[J].机械工程学报,2007,43(9)：51 – 56.

[102] 关英姿,崔乃刚.主动控制式对接机构对接预捕获阶段的仿真[J].上海航天,2000,17(4)：11 – 16.

[103] BARTOE J D F,FORTENBERRY L. One year old and growing：a status report of the internationalspace station and its partners[J]. Acta astronautica,2000,47(2 – 9)：589 – 597.

[104] REMBALA R,OWER C. Robotic assembly and maintenance of future space stations based on the ISS mission operations experience[J]. Acta Astronautica,2009,65(7 – 8)：912 – 920.

[105] 秦文波,陈萌,张崇锋,等.空间站大型机构研究综述[J].上海航天,2010,27(4).

[106] 刘延柱.高等动力学[M].北京：高等教育出版社,2001.

[107] 洪嘉振.计算多体系统动力学[M].北京：高等教育出版社,1999.

[108] 郑云青,张崇锋,刘志,等.对接初始条件对捕获概率的影响分析[J].载人航天,2013,19(3)：14 – 20.

[109] 丰飞.空间大容差末端执行器及其软捕获策略研究[D].哈尔滨：哈尔滨工业大学,2013.

［110］ 黄真. 高等空间机构学［M］. 北京:高等教育出版社,2006.

［111］ HUANG Z, LI Q, DING H. Dynamic Problems of Parallel Mechanisms［M］// Theory of Parallel Mechanisms. Springer, Dordrecht, 2013: 289 - 324.

［112］ 黄真,赵永生,赵铁石. 高等空间机构学. 第 2 版［M］. 北京:高等教育出版社,2014.

［113］ CRAIG J J. 机器人学导论［M］. China Machine Press,2006.

［114］ 王兴贵,韩松臣. 周边式对接机构的航天器首次接触撞击点的确定［J］. 宇航学报,1999,20(1):49 - 56.

［115］ CRAIG J J. Introduction to robotics: mechanics and control［M］. Pearson Education Inc,1986.

［116］ YOSHIKAWA T,SUDOU A. Dynamic hybrid position/force control of robot manipulators: On - line estimation of unknown constraint［C］//Experimental Robotics I. Springer,Berlin,Heidelberg,1990: 116 - 134.

［117］ LOPES A,ALMEIDA F. A force - impedance controlled industrial robot using an active robotic auxiliary device［J］. Robotics and Computer - Integrated Manufacturing,2008,24(3): 299 - 309.

［118］ JUNG S,HSIA T C. Adaptive force tracking impedance control of robot for cutting nonhomogeneous workpiece［C］//Proceedings 1999 IEEE International Conference on Robotics and Automation (Cat. No. 99CH36288C). IEEE,1999, 3: 1800 - 1805.

［119］ SALISBURY J K. Active stiffness control of a manipulator in cartesian coordinates［C］//1980 19th IEEE conference on decision and control including the symposium on adaptive processes. IEEE,1980: 95 - 100.

［120］ 李杰,韦庆,常文森,等. 基于阻抗控制的自适应力跟踪方法［J］. 机器人, 1999,21(1):23 - 29.

［121］ WHITNEY D E. Force feedback control of manipulator fine motions［J］. Journal of Dynamic Systems,Measurement,and Control,1977,99(2): 91 - 97.

［122］ HOGAN N. Impedance control: An approach to manipulation: Part I, II, and lll—Implementation［J］. Journal of dynamic systems,measurement,and control, 1985,107(1): 1 - 24.

［123］ TUNGPATARATANAWONG S,OHISHI K,MIYAZAKI T. Force sensorless workspace impedance control considering resonant vibration of industrial robot［C］//31st Annual Conference of IEEE Industrial Electronics Society,2005. IECON 2005. IEEE, 2005: 6.

［124］ TSUMUGIWA T, YOKOGAWA R, HARA K. Variable impedance control with virtual stiffness for human – robot cooperative peg – in – hole task[C]//IEEE/ RSJ international conference on intelligent robots and systems. IEEE,2002,2: 1075 – 1081.

[125] FRISOLI A,SOTGIU E,AVIZZANO C A,et al. Force – based impedance control of a haptic master system for teleoperation[J]. Sensor Review,2004,24(1): 42 – 50.

[126] Shao H,Nonami K,Wojtara T. Position and impedance force control of tele – operated master – slave robot hand system[J]. Robotica,2005,23(6): 793.

[127] GOLDENBERG A A. Implementation of force and impedance control in robot manipulators [C] //Proceedings. 1988 IEEE International Conference on Robotics and Automation. IEEE,1988: 1626 – 1632.

[128] WANG H, LOW K H, WANG M Y. Reference trajectory generation for force tracking impedance control by using neural network – based environment estimation [C] //2006 IEEE Conference on Robotics, Automation and Mechatronics. IEEE,2006: 1 – 6.

[129] LOPES A,ALMEIDA F. A force – impedance controlled industrial robot using an active robotic auxiliary device [J]. Robotics and Computer – Integrated Manufacturing,2008,24(3): 299 – 309.

[130] WANG X, LIU P X, WANG D, et al. Design of bilateral teleoperators for soft environments with adaptive environmental impedance estimation [C] // Proceedings of the 2005 IEEE International Conference on Robotics and Automation. IEEE,2005: 1127 – 1132.

[131] 姜力,蔡鹤皋,刘宏.基于滑模位置控制的机器人灵巧手模糊自适应阻抗控制[J].控制与决策,2001,16(5):612 – 616.

[132] BONITZ R C,HSIA T C. Internal force – based impedance control for cooperating manipulators[J]. IEEE Transactions on Robotics and Automation,1996,12(1): 78 – 89.

[133] GONZALEZ J J,WIDMANN G R. A force commanded impedance control scheme for robots with hard nonlinearities[J]. IEEE Transactions on Control Systems Technology,1995,3(4): 398 – 408.

[134] LAWRENCE D,STOUGHTON R. Position – based impedance control – Achieving stability in practice [C] //Guidance, Navigation and Control Conference. 1987: 2265.

[135] HEINRICHS B, SEPEHRI N, THORNTON – TRUMP A B. Position – based impedance control of an industrial hydraulic manipulator [J]. IEEE Control

Systems Magazine,1997,17(1):46-52.

[136] LAWRENCE D A. Impedance control stability properties in common implementations[C] // Proceedings. 1988 IEEE International Conference on Robotics and Automation. IEEE,1988:1185-1190.

[137] CHEN C,NIE H,CHEN J,et al. A velocity-based impedance control system for a low impact docking mechanism (LIDM)[J]. Sensors,2014,14(12):22998-23016.

[138] 刘业超. 柔性关节机械臂控制策略的研究[D]. 哈尔滨:哈尔滨工业大学,2009.

[139] 朱雅光. 基于阻抗控制的多足步行机器人腿部柔顺控制研究[D]. 杭州:浙江大学,2014.

[140] 刘金琨. 先进PID控制MATLAB仿真[M]. 北京:电子工业出版社,2011.

[141] 陶永华. 新型PID控制及其应用[M]. 北京:机械工业出版社,2002.

[142] 延皓. 基于液压六自由度平台的空间对接半物理仿真系统研究[D]. 哈尔滨:哈尔滨工业大学,2007.

[143] 杨振. 基于阻抗控制的机器人柔顺性控制方法研究[D]. 南京:东南大学,2005.

[144] ARIMOTO S,HAN H Y,CHEAH C C,et al. Extension of impedance matching to nonlinear dynamics of robotic tasks[J]. Systems & control letters,1999,36(2):109-119.

[145] NAGATA F,MIZOBUCHI T,HASE T,et al. CAD/CAM-based force controller using a neural network-based effective stiffness estimator[J]. Artificial Life and Robotics,2010,15(1):101-105.

[146] LEE K,BUSS M. Force tracking impedance control with variable target stiffness[J]. IFAC Proceedings Volumes,2008,41(2):6751-6756.

[147] OWEN W, CROFT E, BENHABIB B. Stiffness optimization for two-armed robotic sculpting[J]. Industrial Robot:An International Journal,2008,35(1):46-57.

[148] 李正义,曹汇敏. 适应环境刚度、阻尼参数未知或变化的机器人阻抗控制方法[J]. 中国机械工程,2014,25(12):1581-1585.

[149] 袁震东. 自适应控制理论及其应用[M]. 上海:华东师范大学出版社,1988.

[150] 陈新海,李言俊,周军. 自适应控制及应用[M]. 西安:西北工业大学出版社,1998.

[151] TEE K P,YAN R,LI H. Adaptive admittance control of a robot manipulator under task space constraint[C] //2010 IEEE International Conference on Robotics and

Automation. IEEE,2010: 5181 – 5186.

[152] HOGAN N. Stable execution of contact tasks using impedance control[C] // Proceedings. 1987 IEEE International Conference on Robotics and Automation. IEEE,1987,4: 1047 – 1054.

[153] 李清泉. 自适应控制系统理论、设计与应用[M]. 北京:科学出版社,1990.